JN026710

株式会社フォトラクション 代表取締役CEO

中島貴春

Takaharu Nakajima

Digital General Construction

建設業の"望ましい"未来

日経BP

プロローグ
建設業の未来は「デジタルゼネコン」にあり

「We've always tried to be at the intersection of technology and liberal arts」（テクノロジーとリベラルアーツの交差点に立つ）

　これは、Apple社を創業したスティーブ・ジョブズの言葉です。私が大学3年生の頃、この名言をもじってTwitterに以下のように投稿しました。

「建設とテクノロジーの交差点に立つ」

　今思うと少し痛い学生だったかもと、少々恥ずかしく思いますが、投稿から10年以上、この交差点に立ち続けています。建設とテクノロジーが交わった先にある未来を見据え、自らの手で創り出すことを私自身のミッションとして過ごしてきました。

「建設×テクノロジー」に向き合った10年
　はじめに、筆者である私、中島のことを説明します。新卒で大手IT企業にエンジニアとしての内定をもらっていたのですが、普通のエンジニアとして満足して終わってしまいそうな自分に漠然と不安を抱き、2013年、大手ゼネコンである竹中工務店にIT系職種として入社します。一般的にゼネコンに入社する際、建物をデザインする設計部門か、実際に建物を造る施工部門に配属されるのがほとんどです。ゼネコンにとって花形は利益を上げる施工部門で、毎年優秀な人材が多く配属されます。この2部門のほか、大手ゼネコンになると都市開発や原子力関連を手掛けるエンジニアリング・

技術開発などの本社採用があり、私が採用されたIT系職種もそうした一つでした。IT系採用とはいえ、竹中工務店では現場監督を経験したほか、工事現場におけるICTやBIM（Building Information Modeling）活用を推進しました。

　入社してから3年後の2016年に同社を退職し、同年、CONCORE'S社（現：フォトラクション社）を創業して代表取締役に就任します。フォトラクション社は、「建設の世界を限りなくスマートにする」というミッションを掲げる、建設業特化のテクノロジーを提供するスタートアップです。もしIT企業でエンジニアになっていたら、本書もなかったと考えると本当に良い決断だったと思います。

　ゼネコンは建物を建てるプロフェッショナルの集まりであって、当たり前ですがITに詳しい人は多くいません。私は幼少の頃からプログラミングが好きで、ゼネコン時代はエクセルのマクロが組めるだけで大変珍しがられました。建設業に入社する人とは違ったことに興味を持てる点が、結果的に優位に働いたと思っています。ゼネコンのIT系職種を経てスタートアップを起業するという、一般的な建設業のキャリアとは異なる環境に身を置き、「建設×テクノロジー」にずっと向き合ってきたことで、ほかの人とは異なる解釈で業界やプロダクトを見ている自分に気が付きました。若気の至りというやつなのかもしれませんが、10年という歳月は、「建設×テクノロジー」というニッチな分野においては割とベテランと言え、それなりに目は肥えてきたのではないかという自信もあります。

「デジタルゼネラルコンストラクション」誕生へ
　本書には、私が10年にわたって「建設×テクノロジー」に向き

図表0-1　デジタルゼネコン

合った結果たどり着いた「建設業の望ましい未来」を書いています。先に結論を書けば、建設業の未来は「デジタルゼネコン」（Digital General Construction）が誕生していると思います。ここで注目してほしいのは、「コントラクター」（Contractor）ではなく「コンストラクション」（Construction）であることです。「デジタルゼネコン」という言葉から一般的に想像するのは、建設プロジェクトの中で元請けとしての役割を持つゼネコン（General Contractor）がITツールを駆使してデジタル化を進めた状態だと思います。しかし本書で語りたいデジタルゼネコンは、デジタルゼネラルコンストラクション、直訳すると「デジタル総合工事会社」でしょうか、デジタルを得意とした新しいスタイルの建設会社です。本書の主役となる言葉ですので、ぜひ覚えておいてください（図表0-1）。

　近年、ゼネコンをはじめとした建設業が使うITツールは目まぐるしい進化を遂げ、クラウド、BIM、IoT（Internet of Things）、スマートデバイスなど多くのテクノロジーを活用するようになりました。クラウドに関して言えば、私がゼネコンにいた時には想像もで

きないぐらい当たり前のように活用しています。建設業における最も偉大なテクノロジー企業の一つであるAutodesk社をはじめ、多くの企業がITツールを提供しており、建設業の人々の作業を効率化し、データを蓄積することで今まで見えなかったものを可視化しました。

建設テックは生産性向上に結び付かず

このような変化はありますが、建設業の「付加価値労働生産性」を見ると、実は長い間ほぼ横ばいという状況が続いています。数年前から掲げている「工事現場の週休二日」はいまだ実現に至っておらず、世の中「DX（デジタルトランスフォーメーション）」が叫ばれていますが、建設業に限っては、この20年間、デジタル化による大幅な生産性向上は果たせていないと言わざるを得ないと思います。もちろん、現場は知恵を出して工夫していますが、業界全体の生産性を改善するほどの効果には結び付かず、真剣にテクノロジーに取り組んでいる方ほど、「果たして今の延長線上に答えがあるのか？」と疑問を持ち始めている頃だと思います。

テクノロジーの進化が早いと何が正解で何が不正解なのか判断するのは難しいのですが、迷いが生じ方向性が定まらないと、身につけるべきスキルや経験すべきキャリアは曖昧になります。そうした状態が続くと、学生たちに将来不安定な業界と見なされ、不人気業界となってしまいかねません。現状の人手不足に加えて業界の人気がなくなれば、建設業の閉塞感はより一層増してしまうことでしょう。

日本の建設業はかつて名実ともに世界No.1といわれていた時代がありました。今も、建設投資額は世界3位の規模があります。で

すが、「ENR」（Engineering News-Record：世界の建設業界において最も権威のある出版物の一つ）が毎年発行している建設会社の世界ランキングを見ると、2022年の上位20社に日本の会社は1社も入っていません。要因は様々あると思いますが、やはり日本の建設業の強みであるプロジェクトマネジメントのデジタル化が適切に進まず、生産性が上がっていないことが大きな原因だと思います。今後、国内の労働力人口はどんどん減り、2024年には残業規制もなされます。建設業の未来は、現状の下降していく労働力不足を補うほどの生産性向上をいかにして実現するか、そこにかかっていると思います。

　だからこそ、「建設とテクノロジーを組み合わせた建設テックに焦点を当て、これまでの業界の歴史やデジタル化の流れを整理したうえで、どうしたら建設業の生産性が高まるのかを見いだそう」──。これが、本書をまとめた動機です。既存の延長線上にある「建設業のデジタル化」の話はもちろんですが、特に力を入れたのは、デジタルゼネコンの必要性であり、デジタルゼネコンは従来型の建設会社と何が違うのかといったことにページを割きました。私は、デジタルゼネコンとして掲げる新しい建設生産システムこそ、建設業の生産性を大幅に向上し、業界の閉塞感を打破する鍵だと考えています。デジタルゼネコンは、日本だからこそ生まれるチャンスがあり、再び世界に日本の建設業が世界一だと知らしめるチャンスだとも考えています。

本書の構成

　本書は3つの章で構成されています。第1章は建設業の誕生から近代の歴史を書いています。建設とテクノロジーを取り扱うにあ

たって、建設業がどのような道筋をたどってきたのかを知ることは非常に重要であり、未来を考えるにあたっては必要不可欠だと考えたからです。建設業としての歴史は意外と浅く1800年代半ばからの話となります。そこでは建設市場を取り巻く環境が大きく変化していく中で、大手建設会社の創業者たちが今でいうイノベーションを起こそうと必死に頑張る姿が想像できます。現代の建設業を担う私たちも学ぶ点があるのではないでしょうか。

第2章は建設テックそのものを中心に扱います。IT活用が遅れているといわれている建設業においても、2012年の大手建設会社によるスマートデバイス一斉導入を皮切りにして、デジタル化が大きく進んできました。そんな建設テックの普及の歴史を「BIM」「ITツール」「建設プラットフォーム」と大きく3つに区切って書いています。建設テックは生産性向上のためのテクノロジーではありますが、果たしてどのようなものがあるのか、そして建設業のデジタル化は今後どうなっていくのかを整理することで、デジタルゼネコンといった存在がどのようなものになるのか理解を深めていけたらと思います。

第3章はデジタルゼネコンについてです。建設テックを大きくけん引する存在として多額の投資を受け、急成長を目指すスタートアップと呼ばれる企業群の存在があります。それらに触れつつ、時代とニーズの変化に応じて建設テックは今後も進化し続け、いずれデジタル化が進んだ結果、組織と事業の構造変化が起きるDXといわれている現象が起こり得ます。建設業におけるDXとは何であるか、そしてその時に誕生するデジタルゼネコンとは具体的に何であるかを明らかにします。

建設業をデジタルで変える、皆さんと共に

　建設業の仕事は人々の命や生活の質に直結しており責任が重いですが、その内容は素晴らしく称賛されるべきものがあると思います。ダイナミックに物事が進み、造るものも地球最大規模、数多くのステークホルダーが関わっているものづくり産業は、間違いなく楽しくやりがいのある業界だと思っています。もちろん、そこで働く人々は非常に優秀であり、愛すべき人たちがたくさんいます。日本の建設業が秘めているポテンシャルはとてつもなく大きなものがあると考えています。

　ただ、重厚長大産業である建設業を変えるのは簡単ではありません。それでも、建設業の望ましい未来に向けて、私自身も建設業界の一員として、本書を手に取ってくれた皆さんと共に頑張っていけたらと思っております。長い歴史を持つ建設業からしてみたら、本書の内容は取るに足らないモノかもしれません。それでも、建設業に携わる人、そしてこれから携わる人が1人でも多く、この本をきっかけに未来に希望を持ち、一生懸命に考え、産業のデジタル化に向けて行動してくれたら、これほどうれしいことはありません。

目 次

第2章 デジタル化が進む建設業

第3章 デジタルで建てる
新スタイルの建設会社
Digital General Construction

第 1 章

魅惑の建設業

1-1 建設業の未来は過去を知ることから始める

　今日の私たちの生活は、テクノロジーに囲まれています。建設業も同様で、DX、クラウド、AI、IoTなど、本当に多くのテクノロジーの話題が毎日のように飛び交っています。ただ、工事現場に近い人は、その動きを好ましく思っていない人もいると言います。

　工事現場の仕事は変化の毎日であり、その変化に対応するために忙しく動き回る必要があります。そうした環境にもかかわらず、「テクノロジーの登場によって建設業は大きく変わる」と期待する人々が、こぞって工事現場にソリューションを持ち込んでいます。「試行だ」「テストだ」「PoC（概念実証）だ」と検証を進め、それによって工事現場の人たちが疲弊しているケースもあります。これでは本末転倒です。

　もちろん、導入して効率化できるソリューションも中にはあったかもしれませんが、生産過程における情報量が膨大な建設業のデジタル化は、そうたやすくできるものではありません。そうこうしていくうちに「デジタルはもううんざり」「DXなんてものは推進しないほうがマシ」となってしまう方もいるでしょう。そして、伝統産業のイメージも相まって、心の中では「建設業のデジタル化なんていうものは不可能である」「自分は関係ないから押し付けないでくれ」と諦める関係者も出てきてしまっているのではないでしょうか。

　そのような状態が続くと、日本の建設業は間違いなくこのまま沈んでいくと思います。複雑化するプロジェクト、度重なる品質問題、

資材の高騰、そして致命的とも言える人材不足。これらを乗り越えるにはデジタル化が必要不可欠であり、DXは建設業に関わる私たちすべての人が目指すべきビジョンだと思います。

1-1-1　歴史を知らねば未来は語れぬ

　建設は、他産業と比較しても長い歴史を持ちます。重厚長大な産業であり、デジタル化の過程である程度は必要になる標準化をするのが難しい面があります。だからこそ、デジタル化という未来を考えるには、過去を振り返ってしっかり学ぶことが必要だと思います。テクノロジーが建設業に入ってきた今だからこそ、長い歴史を持つ建設業をテクノロジー視点で見つめ直すのです。そうすることで、今の建設業を託されている私たちが考えること、そしてやるべきことが見えてくるのではないでしょうか。

　本書は建設とテクノロジーを組み合わせた建設テックに関する内容を多く取り扱っています。その始まりとして、そもそも論でもある「建設業とは何者なのか」と言うことを改めて考えていきたいと思います。私も含めて普段何気なく使っている「建設業」という言葉の「業」には、仕事や本務といった意味があります。そして「建設」は「あらたにつくり設けること。新しく建物や組織をつくりあげること」と辞書に書いています。では、建物を建てるという仕事は具体的には何を示すのでしょうか。

建設業の定義
　日本の建設史研究において、多大な影響を与えた建築研究者の一人に古川修という人物がいます。彼が書いた『日本の建設業』(1963

年、岩波書店）は、高度経済成長期を中心に日本の建設業を軽快かつ様々な切り口で語った名著です。その本には、建設の仕事を次のように書いています。

> 私たちの祖先は、その定着以来、住居や建物を造り、水路や墓をきづいてきた。これらは建設といわれる行為で、日本列島にはここに住み、生きた多数の人々によってきざみつけられた二千年以上の建設の歴史がある。建設の仕事は時代とともに量が増え、内容も豊富になる。建設業は、こうした建設事業を母胎とするが、建設事業の発展がそのまま建設業の歴史になるわけではない。（『日本の建設業』から引用）

私は、これ以上的確に、建設業という仕事を表した一文に出合ったことがありません。建設の仕事とは、詰まるところ、私たちの生活をつくる行為そのものだということです。

そして建築物は、様々な要素で構成されています。一般的なイメージでは建物を建てる点に集約されるかもしれませんが、建物を建てるには「建物の用途は何か」「どのような技術が必要なのか」「お金や人はどこから集めるか」「プロジェクトの運営方法はどうするか」「環境への負荷をどうするか」など、多くのことを考えなければなりません。また、時代の変化によって人々が生活に求めることも変わってくるため、建築物に求めるニーズも変わっていきます。それと同時に、建設という行為も変化させる必要が出てきます。

また、経済や技術の発展は、建設業の仕事そのものを大きく変えてきました。例えば、用途が分かりやすそうなオフィスビルですら、働き方改革やリモートの推進によって、ニーズは目まぐるしく変化しています。大手ハウスメーカーとして知られる大和ハウス工業の最新決算を見ると、戸建て住宅事業は全体の売り上げの1〜2割程

度しかありません。同社の祖業は、高度経済成長期に多くの戸建ての建設需要を見据え、プレハブ住宅という工業化を進めた戸建て住宅事業です。それが今では「人・街・暮らしの価値共創グループ」を掲げ、人々の生活全般の領域をカバーするまでに拡大しています。人々の生活が多様化するにつれ、建設事業を母体としつつ対象範囲を拡大した、国内でも有数の成功事例と言えるでしょう。

　建設業とは人々の生活をつくる産業であるため、ニーズによってその業種業態は変化します。そして、デジタルを主体とするテクノロジーは人々の生活を変え、ニーズを大きく変化させますので、それによって建設業の仕事は大きく変わっていくのです。デジタル化は、建設に携わる人はもちろん、すべての人に関係する最重要事項なのです。

1-1-2　多種多様な建設会社

　「建設業は乗り物業と同じ表現である」。これは私の尊敬する建設会社の人の言葉です。この言葉の意味するところは、建設業と一言で表現しても、具体的な事業形態は多種多様だということです。建設プロジェクトはたくさんのお金と人と時間がかかり、各分野によって専門性が分かれ、1社だけで完遂することはできません。

　まず、「元請けかそれ以外か」「何を建てるか」で大きく分けることができます。元請けとは、顧客から発注を受けて、プロジェクト全体をマネジメントする役割です。近代以降の建設プロジェクトは、元請けが、各工事を担当する専門工事会社、必要な資材を用意する問屋、建機などの機械類を提供するメーカーなど、様々な協力会社に発注し、工事を進めていくのが基本的なスタイルです。

　「何を建てるか」、つまり、建てるものによって事業形態は大きく変わります。例えば、建築と土木でも全然異なります。建設業に関わっていない人からすると、建築も土木も同じゼネコンが請けるので同じに見えるかもしれませんが、中身は全く異なります。ちなみに、建築と土木の違いは厳密な定義があるものの、人々が建造物で生活するかどうかで区別するのがよいと思います。土木は橋やダム、道路などがありますがどれも人が生活するのが主目的ではありません。建築は人が生活します。

　建築の中でも規模に応じて仕事の内容は全く異なります。例えば、オフィスビルを建てるゼネコンと戸建て建築やリフォームが中心の工務店では、プロジェクトに関わる会社や人の量も異なりますし、ゼネコンは企業に営業するのに対して工務店は家族など個人に営業をかけます。ちなみに、工務店が大規模で事業を展開しているハウスメーカーやパワービルダーと呼ばれる存在もあります。特にハウスメーカーは顧客の要望通りにゼロから設計するのではなく、ある程度標準化されたシリーズの部品をあらかじめ工場などで作ることで工業化に成功しているのが特徴的です。大手ハウスメーカーの一社であるミサワホームの木質パネル接着工法は有名で、わずか2日で上棟（柱や梁など基本構造が完成し、家の最上部まで建物が立ち上がること）までもっていくことができます。

　このほかにも、厳密には建設業ではありませんが、建物に携わる仕事という意味ではデザインなどの設計を行う設計事務所や、図面を基に建物の金額の妥当性を確かめる積算事務所、そして森ビルや三菱地所など土地を買い上げて開発を行う不動産デベロッパーなどがあります。

　このように、建設業といっても、どのような立場で携わるかによって全く様相は異なってくるのです。建設業がこのように多種多様になったのは、時代の変化に応じて建築に求めるニーズが変化してきたからです。

1-1-3 新しいスタイルの建設会社が生まれる時

　そもそも「建設業」と呼ばれるようになったのは、いつ頃の話なのでしょうか。建物というのは人類誕生の瞬間から存在しており、小学生で習う高床倉庫も建築であり建てる人がいたわけです。現存する日本最古の建築は607年に聖徳太子が創建したといわれる法隆寺ですが、その頃はまだ建設業と呼べる存在はなく、朝廷に仕えている技能者（職人）を中心に工事が行われていたという記録があります。その後、朝廷の手から離れ民間の団体がつくられ、江戸時代中期には大規模な建築に関しては棟梁が一式で建設を請け負う「一式請負」の形式が定着していきます。建設業が営利目的で建設行為をすることだとしたら、まさにこの請負という仕組みが生まれた以降の団体を建設会社と呼ぶのがよいのではないでしょうか。

　この請負に建設業法をはじめとしたルールが整備され、限りなく現代の様子に近い請負が生まれるのは明治時代に入ってからです。清水建設や鹿島建設、竹中工務店などが請負業に進出します。ほかにも現代の大手や中堅ゼネコンがこの期間に生まれています。いわゆるゼネコンと呼ばれる、当時は新しいスタイルとも言える建設会社が定着したのもこの時代でした。

　開国して西洋の文化が入ってきたことによって、大規模建築の需

要が高まります。建築の規模が大きくなると当然プロジェクトも大きくなり、人や金がより多く必要となります。そのためプロジェクトの信頼性を担保する仕組みが必要となり、与信としての請負がゼネコン誕生の背景にあります。ちなみにゼネコンが生まれてから約80年後の1950年代には大量の住宅が必要となり、在来工法における生産では追いつかず、大量生産を前提とした工業化の仕組みが必要となりました。その時代に生まれたのが今のハウスメーカーです。

　このように、建設業は時代の変化を捉えて単に建物を造るだけではなく、私たちの生活をつくる創造産業として常にアップデートと新しいチャレンジをしてきた歴史があります。最近の建設業を見ると、「伝統産業であり変化を好まずチャレンジもしない」といったイメージがあるかもしれませんが、産業の歴史を少し振り返ってみるだけで、決してそんなことはないことが分かります。1870年あたりでゼネコンが生まれ、そのおよそ80年後にハウスメーカーが生まれ、そして約80年後の今日、人手不足により大幅な生産性向上が必要となった建設業はテクノロジーの活用に走ります（**図表1-1**）。私たちが生きているまさにこの時代に、新しいスタイルの建設業が生まれる芽が出ているように私は感じるのです。

1870年〜	1950年〜	2020年〜
大規模プロジェクト	大量生産大量消費	生産性向上
ゼネコン (general contractor)	ハウスメーカー (house maker)	デジタルゼネコン (digital general construction)
大規模プロジェクトを実行するためのリスクヘッジの仕組みが必要となり与信管理や法整備が急速に進んだ	大量の住宅が必要となり、在来工法における生産では追いつかず、メーカーのような大量生産を前提とした工業化の仕組みが必要となった	人手不足により大幅な生産性向上が必要となり、労働力をテクノロジーで増やす新しいスタイルの建設業が生まれる

図表1-1

1-2 ゼネコンというイノベーション

　前述した古川修の著書『日本の建設業』においても、「建設業が"建設業"と呼ばれるようになったのはせいぜいここ15年位である」という記述を見ることができます。本書において建設業の誕生をあえて定義するとしたら、様々な解釈があるものの前述した通り「請負」という仕組みが生まれた時と私は答えるでしょう。今現在において、私たちが建設業という言葉からイメージするような企業活動は、「請負」という仕組みがあってこそできることです。請負は利益と損失の両契機を備えた典型的な商行為ではありますが、こと建設業においては産業そのものを持続可能にするための努力の歴史でもあります。そして建設業に大きな影響を与え続けるゼネコンという存在は、請負に数々の仕組みが組み合わさって生まれたものです。ゼネコンをゼネラルコンストラクション（General Construction：総合工事会社）の略称だと思っている方も業界外には多くいらっしゃるかと思いますので念のため説明すると、ゼネラルコントラクター（General Contractor：総合請負業）が正解です。つまり、ゼネコンの名前には建設という文字は一切入っておらず、請負を活用した会社という体裁が正しい姿なのです。

1-2-1 請負誕生

　建設行為の最も古い型式は自力、共同作業といった、その建物を使う人たちが自らの力で行うというものです。それが時代のニーズに伴い建設行為も複雑化する中で、請負という仕組みが生まれていきます。請負自体の歴史は古く13世紀には既に行われていたとい

われています。ただしそれは労働だけの請負、いわゆる今でいう作業員が提供した工数分に対する契約であり、小規模工事に限られていました。いわゆる現代の形に近い請負は江戸中期ごろから始まったといわれています。そして明治時代に後のスーパーゼネコンである清水建設や鹿島建設、竹中工務店などが請負業に進出し、建築請負の形を整えていきました。請負は建物の完成まで責任を持つ契約です。ちなみに、近代の請負以前は棟梁大工が建物を建てに来て、完成できなかったら基本的には施主が責任を被るといった動きでした。

このような請負の仕組みが整備された背景には、建設プロジェクトの大型化があります。幕末の日本は、米国をはじめとする列強からの開国圧力を受け、結果、海外の技術や思想が一気に国内に入って近代化します。建築にもガラスやコンクリートなどが取り入れられ、鉄道などの国策による建設需要も急増します。それらのプロジェクト規模はとても大きく、比例して工事リスクを大きくなり、従来のやり方で建設会社が引き受けるのは難しくなってきます。

ここがまさに、今の建設業における黎明期であり、大規模な工事であっても施主と建設会社の双方が商行為できる仕組みとして総合請負という仕組みが生まれ、ゼネコンが誕生することになります。つまり、お金を出す側が安心して出せるようになり、お金を受け取って工事する側も安心して工事が請け負えるようにする。そのための請負という形を取ることにより、施主と施工がそれぞれにリスクヘッジをする仕組みを作ったというわけです。振り返ってみても、請負は建設業における最大の発明であり、請負自体が建設業の誕生だと言ってもよいのではないでしょうか。

　請負はビジネスモデルとしても秀逸で、どの会社でもゼネコンのような請負業をはじめられるわけではなく、競争優位性を獲得しています。請負は大きなお金と人を集める分、信頼が大事となります。現代のゼネコンはもちろん建設技術を多く保有しているものの、少し見渡してみると、商社としての役割が大きいです。すごく雑に言ってしまうと、安く建てて高く売るというビジネスモデルですが、大規模工事になるほど、たくさんの人と金を集める必要があり、実績や与信が必要となってきます。関東大震災の際、清水組（現・清水建設）はすぐに建物の修復の受け付けを始めたそうです。修復を願い出る人からの申し入れが増え、清水組は多くの欠損を抱えても修復工事を行ったという逸話があります。その瞬間は欠損がかさんでも長期的に考え、世間からの信用を勝ち取ったのです。信用を得ることにより、その後請負の仕事をどんどん増やし、規模を大きくしていったといわれています。これは一例ですが、簡単に参入できるようでできないというのが今のゼネコンビジネスとなっており、建設業をけん引しているのは事実です。

　ちなみにその後、請負は制度化され、今では工事を始める前には必ず工事請負契約を締結する必要があります。工事請負契約の締結は建設業法によって定められているのです。

1-2-2　偉大なイノベーターたち

　請負を中心とした仕組みでゼネコンをつくり上げた人たちは、建設業きってのイノベーターと呼ぶことができるでしょう。ゼネコンの仕組みを作ったのは、いったいどのような人たちだったのでしょうか。

　ゼネコンの礎を築いたと言える清水喜助ほか、スーパーゼネコンの創業期に活躍した人を紹介します。

清水喜助（清水建設）

　清水喜助は1783年（天明3年）に富山県に生まれ、地元富山にて大工としての修業を積み、その後、上京の途中で日光東照宮の修築工事に参加、そして1804年（文化元年）に神田で大工業を開業しました。これが現在の日本を代表する建設会社、スーパーゼネコンの一社である清水建設となります。

　それまでは、棟梁大工が個人で活動していた時代でした。建物は幕府や国が管理しているものが多く、建物の建設工事があると、各地の棟梁に声がかかり、個人が工事に参加し、建物を建て、施工が終われば解散し、また違う場所へ行くといったように、参加した棟梁大工一人ひとりが力を合わせて建物を建てる時代だったのです。その時代の棟梁大工は今でいう個人事業主やフリーランスです。企業に属しているわけではなく、組織があるわけでもなく、個人営業で仕事をしていました。

　清水喜助も棟梁大工として、1838年（天保9年）、江戸城西丸造営に参加します。そこで清水喜助は、現場で出会った人たちとの人脈を広げ、現場で働く棟梁大工たちを一つの組織としてまとめたのです。棟梁大工を組織化したのは、清水喜助が初めてといわれており、それが当時の清水組、現在の清水建設の始まりです。1859年（安政6年）に初代清水喜助は没しましたが、その後は初代喜助の弟子であった藤沢清七が、二代清水喜助として事業を受け継ぎました。

　そして江戸時代から明治時代にかけ、日本は大きく変貌を遂げ、長らく鎖国状態にあった日本は、1853年（嘉永6年）ペリー来航により、それまでの文化や生活が変化し、社会変動が生まれるエネルギーに満ちていて、建設に関しても大きな革命が起きた時代でした。伝統的な日本式の建築方法しかなかった時代ですが、様々な技術を海外から学び、西洋建築を取り入れたのも清水組が最初といわれています。その頃はまだ大型建設、大規模工事は政府が管理していたのですが、工事の増大により個人の労働力を集めるのに限界が出てきたところに、組織化している清水組はその強みを生かし、大型工事は清水組でしか請け負えないといった一強時代を築き上げました。そして、二代清水喜助は施工にとどまらず、資金調達や建設、竣工後の経営まで総合的に請け負いたいと願い出て、施工だけではなく総合的な業務の請負を始めました。この形式こそまさにゼネコンの始まりです。

　そして伝統的な建築技術を基に、海外から学んだ西洋建築を取り入れ、1868年（慶応4年）、江戸・築地鉄砲洲（現在の中央区築地）に、日本初の本格的洋風ホテル「築地ホテル館」を建設しました。その後も、日本の近代建築の代表となる「第一国立銀行（旧・三井組ハウス）」「為替バンク三井組」など、資金面で渋沢栄一の力添えもあり、日本を代表する建築物を次々に建設し、建設業界をけん引します。

　ほかの棟梁大工たちも自分の組織を作り始め、同じような仕組みを持つ棟梁大工が現れてきました。清水組の棟梁大工だった人が清水組を離れ自らの組織を持つケースも多く見られ、世の中に次々と組織が生まれました。そしてその中には、現在のスーパーゼネコン

といわれている鹿島建設、大林組、大成建設、竹中工務店の創業者たちもいて、建設業の黎明期といわれています。個人が主体で動いていた時代に組織を作るといったことは、当時では革命的なことでした。清水組は、組織化だけにとどまず、西洋建築様式を取り入れ、総合請負業という形式を取り入れ新しいことに果敢に挑み、市場を開拓し広げていきました。「われわれから見れば、まるで富士山の頂上を見ているようなものであった」（東京建設業協会編「建設業の五十年」）と、竹中工務店の竹中藤右衛門が清水建設に対する発言があるように、同業者からも一目置かれる存在であり、ほかの人たちは清水組を目指し、切磋琢磨しながらゼネコンを一大産業へと成長させていったのです。

鹿島岩吉（鹿島建設）

　1840年（天保11年）、鹿島岩吉が江戸・中橋正木町で創業したのが「大岩」、のちの鹿島組、現在の鹿島建設です。棟梁大工出身の鹿島岩吉が清水組と同じように鹿島組を創立し、外国人相手の建築請負業を行ったり、洋館建設を行ったりして、建設業者としての地位を築いていきました。

　ところが、清水組を筆頭に建設業界に勢いがあった1880年（明治13年）、鹿島組は建築請負を一切やめました。建築の代わりに何をしたかと言うと、土木工事への切り替え、鉄道請負に転じたのです。事業主体を土木工事、鉄道工事に切り替えたことにより、鹿島組が国の鉄道工事を一手に引き受け、鉄道工事請負に進出し、日本の鉄道の建設に大きな功績を残しました。鹿島を不動の地位に押し上げたのが、この鉄道工事への転換でした。より良い経営の市場を求めての経営判断だったのでしょう。

　工事にあたって様々な困難があったといわれていますが、それを乗り越え、「鉄道の鹿島」の名声を高めました。1899年（明治32年）には朝鮮京仁鉄道を着工し、日本のみならず海外での工事にも進出しました。今でも、「鉄道建設は鹿島建設」というイメージがありますが、それは、この頃から連綿と続く実績に起因していると言われています。

　さらに鹿島は、1950年代に数多くのダムを施工しました。日本で最初の大規模アーチダムといわれている宮崎県の上椎葉ダムは、土木技術の粋を集めて築かれた鹿島が手掛けたダムです。新潟県の奥只見ダムは、鹿島が総力を挙げて施工したといわれている日本最大級の重力式コンクリートダムです。土木工事に市場を切り替えた鹿島は次々に功績を挙げていきました。

大倉喜八郎（大成建設）

　1873年（明治6年）、大倉財閥の創設者である大倉喜八郎により大倉組商会が設立されました。棟梁大工出身者が次々と建設会社を作っていく中、棟梁大工出身ではない人物が建設会社を作るのはとても珍しいことでありました。建設を事業の一部としていなかった財閥が建設事業を始めたことにも大きな驚きがありました。大倉財閥は、それまで乾物商、武器商、貿易商など建設とは違った商売をなりわいとしていましたが、建設業を開始し、鉄道工事などにも進出をしていきました。

　人脈、資金源、営業力、時代を読む力を兼ね備えた大倉喜八郎は、1887年（明治20年）に、共同で建設請負を行っていた藤田財閥の藤田伝三郎、そして渋沢栄一の3人で明治最大の建設会社といわれる

日本初の建設業法人、有限責任日本土木会社を設立しました。もともと、大倉と藤田は、元請けや下請けといった関係性ではなく、工事ごとに人と資金を提供する共同体制、今でいうジョイントベンチャーでした。当時としてはとてつもない巨額な資本金を基に日本土木会社を設立し、多くの大型工事を請け負っていました。

　しかし、会計法という法律ができ、その影響を受け1892年（明治25年）に解散を余儀なくされます。解散後の日本土木会社の業務を継承するために、1893年（明治26年）に大倉が大倉土木組を設立しました。この大倉土木組が現在の大成建設の始まりです。

大林芳五郎（大林組）

　1892年（明治25年）、呉服商の家庭に生まれた大林芳五郎が、土木建築請負業「大林店」、現在の「大林組」を創業しました。当時、異業界から建設の世界に入るのは異例なことでしたが、大林芳五郎はたった一代で大林組の基礎を作り上げました。棟梁大工の経験こそなかったのですが、大林は経営や管理能力にたけていたため、指揮を執るのに優秀な人材として評判が高く、様々な現場から要請が届き、皇居造営、鉄道工事など経験を積んで成長していきました。創業の翌年1893年（明治26年）、個人創業者であったため資金面が厳しくなったのですが、資金援助者にも恵まれ、朝日紡績今宮工場の工事を受注しました。

　その後は、日本で紡績業、製紙業界の設備投資がヒートアップする中、その波に乗り請負業として成功していきました。既に、清水組や鹿島組、大倉組などが名を馳せていましたが、大阪市築港、第5回内国勧業博覧会諸施設、鉄道院の東京中央停車場（現：東京駅）、

大阪電気軌道（現：近畿日本鉄道）生駒隧道および付近線路など、大型工事を受注し、第5回内国勧業博覧会諸施設では、指名入札に清水組、大倉土木組と並んで参加して受注を勝ち取り、世間に名を広めることになりました。

　そして創業してたった19年で鉄道院の東京中央停車場の受注をするまでになりました。また、今となっては当たり前になっている服装規定を建設業界にいち早く取り入れます。建設業の経営にマニュアル類を導入した人物として知られています。服装規定に始まり、会計規定、休業規定、給与規定など、事務的整備を進め、まだ個人経営が主だった建設各社の中で、いち早く合資会社にした先駆者です。

竹中藤右衛門（竹中工務店）

　1610年（慶長15年）、織田信長の普請奉行を務めていた初代竹中藤兵衛正高は、神社仏閣の造営を中心に伝統建築の棟梁大工の地位を築きました。そして1899年（明治32年）、十四代竹中藤右衛門が神戸に進出した年を竹中の創立としています。この竹中を一躍有名にしたのが、1874年（明治7年）の名古屋鎮台兵舎の竣工です。鎮台とは軍隊施設のことで、陸軍省が管理している施設です。国内情勢が不穏で、社会安定が求められている時代に、名古屋に兵舎を新築することになり、請負入札という方式が取られたのですが、なかなか落札者が決まらず、名古屋で棟梁大工をしていた岩本常太郎と竹中が共同請負をし、工事がスタートしました。

　しかしこれがまた手間がかかる工事で、工期の延長などでなんとか完成させ陸軍省への受け渡しが完了したのですが、その後、この

請負工事の支払いをめぐって裁判が行われることになったのです。着工してから、陸軍省の都合による設計変更・追加工事がたびたび行われ、資材が高騰したり人件費がかさんだりと、様々な要因が重なり、欠損は相当な額に及んでいました。そのかさんだ費用に関して一切の支払いを行わないとした陸軍省を相手に訴訟を起こしたのです。この裁判は敗訴、陸軍省に支払い義務が生じない判決となりました。今でも「名古屋鎮台兵営建築増費請求事件」として建設業の人々の記憶に残る出来事です。

　その後、竹中が官庁工事を一切行わず、民間工事のみを手掛けるのは、この裁判による影響だったのではないかといわれています。この事件で敗訴はしたものの、大規模な様式建築工事を完成させたとして評判が集まり、その後三井銀行小野浜倉庫を竣工し、日本三大財閥の一つである三井組とのつながりを強め、三井組の工事を次々と請負、社寺建築からの脱皮を図り、1909年（明治42年）に今まで個人経営で運営していた組織を合名会社竹中工務店としました。請負業と工務所の中間をとって工務店と名付けたといわれています。

1-2-3 イノベーターたちの共通点

　現代のスーパーゼネコンの創業者たちは、建物を建てることを主とし、誰もやっていなかった組織という枠組みを作り上げたり、自ら渡航して建築技術を学び日本に持ち帰ったり、技術力を磨き、他者との差異化を図るために事業転換をしたりと、様々なことに果敢にチャレンジし続けています。そしてその時代に進むべき方向をいち早くつかみ、その勢いと技術力で建設業を作り上げました。現代

のゼネコンは、工事にとどまらず、営業、技術、設計、研究など幅広い多くの部門を持っています。特に売上規模が大きいスーパーゼネコンと呼ばれる、鹿島建設、清水建設、大成建設、大林組、竹中工務店は、今もなお建設業界のトップを走り続けているのです。

　さて、ここまで現代のゼネコンを作り上げてきた人物を簡単に見てきましたが、2つの共通点があることに気が付きます。

● 強力な資金提供者がいた
● 建設を軸に独自の思想や仕組みを編み出した

　「資金提供」に注目すると、当時はインターネットなどなく情報共有が非常に大変な時代であり、新興企業でもあったゼネコンは今ほど市民権を得ていなかったと想像でき、資金提供者を見つけるのは相当大変なことだったと思います。

　　古川修の著書『日本の建設業』にも次のような記述があります。

　　　建設業のもっているいろんな社会関係などはあまりよく知られていない。そういう意味で建設業のことを隠れた大産業といっている人もある。しかも建設事業は近年目立って拡大しており、建設業の企業活動はさかんで、従ってまた建設業の内部や周辺でいろんな変化がおこっている。（『日本の建設業』から引用）

　イノベーターたちの時代は、古川の著書よりもさらに半世紀前の出来事であり、現代のスーパーゼネコンの絵姿まで想像できた人はもちろん、そもそもゼネコンとは何者なのか分かっている人は少数だったのではないでしょうか。第3章で触れますが、建設テックにおいて、投資家からお金を集めて大きな赤字を続けながら事業を推

進する、スタートアップと呼ばれるスタイルを取る企業が増えています。私も起業家として投資家から資金調達をした経験がありますが、今の状況を比較するに、当時のゼネコンが資金提供をしてもらうには実力はもちろんのこと、事業に対する熱量、ビジョン、そして魅力的な人間力を兼ね備えている必要があり、ものすごくハードルが高かったのではないかと想像できます。

　イノベーターたちは「独自の思想や仕組みを編み出して」大きなチャレンジをしています。チャレンジに失敗はつきものですが、ここで強調しておきたいのは、建設業は非常に失敗しにくい業界だということです。どの建設会社の人に聞いても「その通り」という返答が多いのですが、ゼネコンは振り返り反省会をする文化があまり根付いていません。というのも、建設という行為は、現代において失敗が許されにくいからです。記憶に新しい失敗は、2015年、横浜市で大型マンションが傾いた事件です。基礎の杭打ち工事で虚偽データが使われていたことにより起きました。この件は大きくメディアで報道されたものの、当然広まっていない問題はたくさんあります。

　建設業は失敗が大きな損失につながりやすいのですが、イノベーターたちは共通して果敢にチャレンジしています。特に私がすごいと思うのは、鹿島組が当時上り調子であった建築請負を一切やめ、鉄道請負専門とも言えるチャレンジをしたことです。会社の形態が変わってしまうほどの思い切った決断であり、そうした決断をした建設会社があることは非常に驚きですし、やり切った実行力はまさに奇跡とも言えるのではないでしょうか。

1-2-4 ハイパーグロースの実現

　勃興期の建設業は、現代とは比較にならないスピードで成長して
いたことでしょう。具体的には、どの程度だったのでしょうか。現
代において高い成長率の産業といえば、インターネットを中心とし
た情報サービス業が挙げられると思います。情報サービス業の市場
は、一般の人がインターネットを使うようになった1995年あたり
から拡大し、関連企業の増加などにより、2013年からさらに上昇
トレンドになります。経済産業省の「特定サービス産業動態統計調
査」によると、情報サービス業の売上高は、2020年は約12兆9102
億円、2021年は約15兆2970億円で、年成長率は約18％になります。
デジタル化、IT化が急激に進み、AIやメタバースなど最先端技術
も登場し、今でも伸びている産業です。

　建設業において、戦前戦後を通じで最大の工事量があった年は
第2次世界大戦末期の1944年です。その年の工事費は当時の価格で
およそ1兆9730億円です。そして1952年から約10年間の建設工事
費水準の上昇は約1.7倍、建設工事額は、1955年（昭和30年）から
1962年（昭和37年）の7年間で約3.5倍になり、この間の工事費の上
昇が約1.4倍あることを織り込むと約2.5倍になります。年平均にす
ると、約14％の実質年成長率です。1962年（昭和37年）の「建設白
書」にはこう書いています。

　　建設投資の国民総生産に対する比率は30年の12％から36年には18％まで
　増大し、国民経済における比重をきわめて大きいものとした。これは民間
　設備投資の比率が9％から23％まで増大したのに匹敵するもので、その成長
　の大きさを知ることができる。
（昭和37年の「建設白書」から引用）

　経済規模の拡大につれて建設事業は拡大し、特に建設業はその拡大のスピードがとてつもなく速かったことが読み取れます。高度経済成長期による世の中の変化も追い風になっていました。1964年の東京オリンピックに向けたオリンピック景気もあり、建物に対する需要はどんどん高まります。施主側は、いかに目立つ建物を建てるか、最先端のビルを建てるかを競い合い、建設業に繁忙をもたらしました。そしてその需要に対し、どれだけ多くの工事を受注するか、どれだけ新しい技術を使いこなせるか、各社の受注合戦が始まり、瞬く間に高層ビルが立ち並び、建設業はものづくり産業として確固たる地盤を築いていったのです。

1-3 建設業をかたちづくるモノ

「歴史は繰り返すことは無い。人間が常に繰り返すのだ」

　これは、フランスの哲学者ヴォルテールの言葉です。現代の建設業が直面している課題は、過去に業界が経験した課題と全く異なると考えがちですが、実際はそうではないと思います。いつの時代も最先端を生きていた人たちは思考と実践を重ね、その結果として最適な選択肢を選び、時代を築いてきたのです。課題の本質は変わらず、表面だけ違ったように見える変化が何度も起きるし繰り返されていくのです。だからこそ、テクノロジーの変化にさらされつつも、今の時代を託されている私たちは、先人のイノベーターたちに負けず常に挑戦し、新しい考えを取り入れ、変化に適応していく必要があると考えています。それは、多様化し続ける建設業において、どの立場でも変わらない普遍的なことではないでしょうか。

　イノベーターはイノベーターから学びを得ます。建設業でイノベーションを起こそうとするなら、ゼネコンを中心とした建設業の仕組みを改めてしっかりと知っておくこと、そうすれば、今後どのような変化が起こるのかをある程度予測できるのではないかと思います。そこで以下では、「建設業」を構成する要素はこれまでどのように変化してきたのか、特に組織と技術について見ていきたいと思います。

1-3-1 現場代理人と持たざる経営

　まず、ゼネコンの組織はどのようにして今の形になったのか、見

ていきましょう。前述したように、建設業はもともと棟梁が個人で行っていたことであり、工事現場の運営自体が企業経営の舞台でもありました。つまり棟梁は工事現場の責任者であり長であるのと同時に、建設業においては経営者であり社長だったわけです。しかし、需要が増えるにつれて成長できると見込んだ当時のゼネコンの経営者たちは、建設工事の請負数を増やしたことによって、複数の工事を同時に行わないといけなくなります。工事長は現場で指示を出さないといけないこともあり、複数の現場を抱えると一人ではどうにもできません。

そこで、同じように現場運営ができる人間を、自分の代理人として現場に入れ、同時に複数の現場運用を行えるようにし、複数の工事を同時に請け負える体制を作っていったのです。ちなみに現代においても、建設業経営の最小単位は一つの工事現場であり、当然ながら小さな工事会社などは現代でも同様の形です。古くはこの代理人のことを肝煎り・世話役・現場代理人と呼んだそうで、ここで初めて階層が生まれマネジメントを行う必要のある組織となりました。

現代の組織において建設会社の組織図を見ると、社長直下に現場所長がいる会社が多いのも、この時代からの名残だと思います。本社（当時は「店」と表現）と工事現場組織という経営スタイルが確立され現場代理人という言葉は制度として残り、組織内では現場所長と呼ばれるようになっていきます。ちなみに、この現場代理人という構造を初めて作ったのは、近代ゼネコンの祖である清水喜助であるといわれています。

現場代理人は、社長の代理として機能するだけあって、とても優

秀かつ情熱を持った人物が指名されます。棟梁の素質があり、工事現場や建設技術を熟知していたのに加え、社長の代理として現場を切り盛りすることで経営の知識もついていきます。当然ながら、現場代理人が独立して建設業を興すことも頻繁に起きました。当時の建設業界はマクロで見ても急成長している市場だったこともあり、自らの力を試すには条件も整っていた時代と言えるでしょう。

　歴史ある建設会社の創業者の経歴を調べてみると、もともとはどこかの現場代理人であったり、そこから分離した組織の現場代理人だったりと、現場代理人としてのつながりがあったようです。中には個人企業的に請け負う代理人もいたようで、請負自体の責任を負う代わりに利益もしっかり取っていました。

　雇い主となる社長は実質の「名義貸し」の関係で成り立っており、ここまでくると、ほとんどその代理人自体が建設業であり、この個人企業的に請け負う代理人から前田建設工業や熊谷組など、現代における大手ゼネコンも生まれています。現代のITスタートアップでもよく見られる動きで、スタートアップが成長して大きくなった際、若くて優秀な人材を子会社の社長に抜てきするなど、ダイナミックな人事がよく行われます。当時新興企業だったゼネコンでも、同様の動きがあったのではないかと想像できます。

　ゼネコンは1900年代後半になると、組織が巨大化する中でより会社としての体制整備をしていく流れが出てきます。現場代理人など複数の組織を横断して管理する部署であったり、複数現場があることから資材に関しては集中購買を目的とした工務部門ができたり、設計施工をすることによってより良い建築を造り出そうと設計

部門ができたり、会社を運営するにあたり経理や総務など必要な部門が生まれたりしていくのです。しかし、いまだに現場第一主義を掲げる建設業も多く、現場所長の権限は非常に強いものとなっています。これは現場代理人が生まれた時の名残であり、脈々と受け継がれてきた建設業に共通する組織の特徴です。

　会社が成長して組織が巨大化しても、現場における技能者（職人）に関しては、常時雇用関係を結ぼうとはせず、工事を請け負うと外部から職人を集めて組織を編成し、終わったら解散というスタイルをとっていました。現代もこのスタイルは変わっていません。これは請負が受託ビジネスであることが主な理由です。受託は依頼を受けて初めて仕事が発生するので、受注しないと全く仕事がない可能性があります。そのため、昔から建設業の営業活動は激しいものがあり、必死に受注を求めて頑張るものの、どうしても受注できる数や時期に大きな波が出てしまうため、工事がないときには資金面も含め自由が利くよう固定費は増やさず変動費で賄うといった「持たざる経営」をうまく機能させてきました。

　建設業が持たざる経営を進めたことによって、下請け制度も大きく発展します。発注者から直接仕事の依頼を受けた企業を元請けとして、その元請けから仕事依頼を受けるのを下請けと呼びます。

　　建設業下請制はその依存率がすこぶる高くほとんど100％に近いこと、製品・半製品の納入の形ではなく現場における直接労働の提供という形をとるものが多いことに特長がある。建設業の下請は決して補助的な役割を果たすのではなく主要な工程の主役なのである。（『日本の建設業』から引用）

　下請けは、実際に建築物を造る技術の大部分を有しており、なくてはならない存在です。建設業は元請け下請けでお互い受発注する

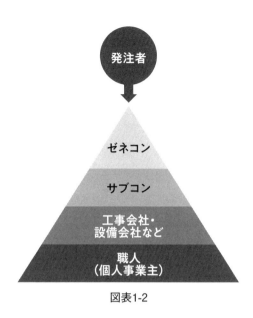

図表1-2

関係であり、立場が逆転することもあります。下請けを集団として専門に扱う建設会社が現れたほか、下請けがまた下請けに出すといった２次下請け、３次下請けといった構造も同時に生まれました。現代にも続く「多重下請け構造」です（**図表1-2**）。この構造は「役割や責任の所在が不明確になりやすい」「品質や安全性が低下しかねない」「多重化により下請けの対価が減少する」など、様々な問題が指摘されてきました。近年でも2016年に国土交通省が多重下請け構造の改善に向けた取り組みについて提言を出しているように、いまだに多くの課題を抱えています。一方で、歴史的に見ると非常に理にかなった建設業の経営スタイルであり、現在の建設業の勃興に必要不可欠な存在であったとも言えます。

　そもそも建設需要は、公共・個人・地域など多種多様なところで

生まれますが、比較的不安定な性質を持っています。

　　　たとえば1000家族が1000戸の住宅に住んでいる安定した地域社会がある
　　とする。建物の耐年数が、20年だとすると、1年に50戸の住宅を建て替え
　　る必要がある。この50戸が安定した建築需要だ。この社会にある年に20家
　　族の人間が移住してくると家族数で2%の増加である。ところが住宅はその
　　年は20戸余分に必要になって70戸建てなくてはいけない。例年の40%の需
　　要増が見られるのである。ところが、その翌年はまた元の50戸でいい。つ
　　まり、たまたま起こった2%の家族増が建築需要にはプラス40%、マイナス
　　30%という大きな変動に拡大されるのである。（『日本の建設業』から引用）

　この例からも分かるように、2%という小さな変化ですが、全体に
与える影響は大きくなります。また、大規模工事に利用されている技
術や機械は小さな住宅への応用は難しく、逆に住宅建築に利用されて
いる技術や機械は大規模工事への応用は難しいのです。現場ごとに
工事内容や規模が異なるため、複数の現場を集約して利益を増やす
ことは難しく、先の例のようにその年はプラス40%でも次の年はマイ
ナス30%など、変動が激しい業界と言えます。多重下請け構造は業
界外の人から見ると諸悪の根源とも思われるような仕組みですが、こ
ういった需給の波を産業全体で吸収する役割も果たしています。

　1次協力会社はサブコントラクター（Subcontractor）、通称サブコ
ンと呼ばれる専門工事会社で、専門的な工事を元請けから請け負う
のが一般的です。プロジェクトが大型化してきたこともあり、元請
けであるゼネコンは工事全体に対する完成責任を持っている一方で、
個別工事のマネジメントまでなかなか手が回らないため、サブコン
に任せているのです。各工事で実施する内容が増え、専門性が生ま
れて細分化していった結果、様々な業種業態が生まれました。現在
の建設業法における業種区分は全部で29種類あることからも、その
多様性が見て取れます。今後も市場のニーズや建設業に求められる

ことが変化していく中で、テクノロジーが建設業の組織構造にどのような影響を与えるのか、それは本書においても重要なテーマです。

1-3-2 建設技術への挑戦と成熟

　市場のニーズの変化を捉えて大きな発展を遂げてきた建設業では、技術的にもたくさんの挑戦と進歩がありました。請負は建物の完成に対して責任を負う契約で、当然のことながら完成させる技術が必要となります。そのため、そもそも求められている建設を建てられるかどうか、そして工期を短縮して利益を出せるかどうかといったことに建設技術を進化させる動機が働きます。

　一方で、建設技術は人の命にも関わる技術であるため、失敗するわけにはいかず、基本的には実績のある技術を使うことがメインとなります。いわゆる枯れた技術で、これ以上の発展はないけれども実績多数で安心して使える、そういったものが建設業では多く採用されてきました。技術自体もそうですが、かつては登録制だった建設業許可証（建設行為をしても良いと認める制度）が途中で許可制になったり、建築物の主要部材に使用できる材料は国土交通大臣から認定されたものだけに限定されたりと、他産業と比較しても技術に対する制度は歴史の中でしっかりと整備されてきたのです。

　現代の建設技術はある程度成熟していますが、ゼネコンの黎明期には西洋の文化が入ってきたことから、建築に対するニーズは多種多様な変化が起こり、建てるために技術的なチャレンジが数多くありました。建設業が生まれた明治時代には、フランス、米国、英国など渡航し海外の建築技術を日本に持って帰ってきたり、海外から

技師を招いて勉強したりと、それまでの伝統的な日本建築に西洋建築の新しい風を吹き込んでいました。それまで日本では木造の建物が主流です。そこに、鉄骨構造、鉄筋コンクリートやガラス、新しい建設機器を取り入れ、海外に学んで新しいことにどんどんチャレンジしていた時代でした。

　例えば、1968年（昭和43年）に竣工した霞が関ビルディング（高さ147メートル、36階建て）は、日本に超高層ビルが全くなかった時代に建設されたものです。当然ながら耐震・防災・住居環境に至るまで綿密な設計が必要で、実現に向けた様々な技術的な検討が行われました。霞が関ビルディングの建設は、日本中に超高層ビルが建つという今では当たり前となった未来の実現を見据えた挑戦でもあったと思います。三井建設と共同で施工を請け負った鹿島建設は、その後「超高層の鹿島」と呼ばれるほどになりました。建設事業が拡大するにつれて、各社それぞれが新しい建設技術を取り入れ、誰が最初にやるか、誰がその技術を世の中に出していくかを競いながら、成長し合いそれぞれの地位を築いてきたのです。

　霞が関ビルディングの竣工から半世紀近くたった今では、建設技術に関してはほぼ成熟し切ったともいえます。もちろん、個別の事象についてはまだまだやれる余地は多く残されていますが、海外を見るとドバイに828メートルを超えるビルが建造され、資金と人がいれば建てられないものはないというところまできたようにも思います。

　そもそも建設業において、「建設技術」は誰が主導すべきなのかといった議論は至るところで起こります。1944年に清水建設が他社に先駆けて技術研究所（当時は設計部研究課）を設立してから、中堅以上

のゼネコンでは研究開発に向けた動きを加速しています。ただ、技術を実際に使うのはサブコン以下の協力会社であり、通常の企業における技術開発と多少異なっているのが特徴です。建設業の研究開発は、昔から、工法、コンクリートや鉄筋などの材質に関する調査、住環境や設備環境に関する技術開発、原子力やワークプレイスなど新しい施設の研究が中心です。

　一方で、プロジェクト制で現場ごとに物事が動く性質があることから、個別現場の課題解決を求める依頼も多いのに加え、1年など

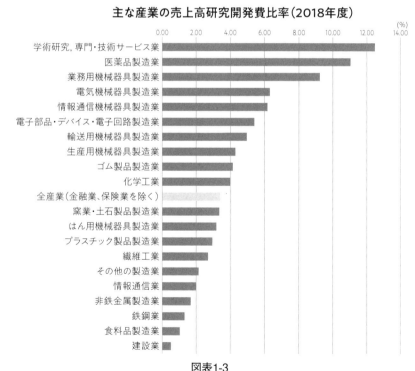

主な産業の売上高研究開発費比率（2018年度）

図表1-3
総務省報道資料「我が国の企業の研究費と売上高」
（https://www.stat.go.jp/data/kagaku/kekka/topics/pdf/tp124.pdf）を基に筆者作成

の短期間で結果を要求するといった特殊な事情もあります。また、建設技術の発展に関する多くの部分は、建設業外部から生まれたものであり、建設業はそれらを有効活用することで成長してきました。なお、建設業の売上高研究開発費比率は0.5%で、他産業と比較して低い数値です（**図表1-3**）。グローバルで見ても技術開発をしているゼネコン自体が珍しく、建設技術とは何か、誰が主導していくものなのかといった議論は継続しそうな状況です。

　様々な視点があるものの、私はゼネコンの建設技術は歴史を振り返ると、建設プロジェクトを高度にマネジメントできる組織や仕組み自体にあると考えており、建設技術を知ることで新しい組織や仕組みづくりに間接的に貢献してきたのではないかと思っています。

　もしそうであるなら、テクノロジーはこれからのゼネコンにおける研究開発の主流になっていくのではないでしょうか。デジタルというのは「モノの流れ」という具体的な世界ではなく、抽象化された「情報の流れ」を扱う技術であるため、プロジェクトマネジメントや組織、仕組みといったところにテクノロジーが組み合わさることで大きな変化が期待できるのではないでしょうか。

1-3-3 経営戦略のシフト

　ここまで、建設業の成り立ちから特徴的な仕組み、組織そして技術の変化を振り返ってきました。現代における建設業の形はここ100年ほどで形成されてきたと考えると、思っていた以上にダイナミズムあふれる歴史だと思います。「持たざる経営」を進めてきた建設業ですが、成長の過程で組織は膨らみ、さらには近代以降に入

ると大手を中心に「脱請負・拡建設」といった動きが進み、様々な部門が建設会社の中に登場します。これは、請負・受託ビジネスからの脱却と、建設を中心とした対象領域の拡大を意味します。冒頭に紹介した大和ハウス工業は、まさに大成功例と言えますが、そもそも工業化住宅を中心に人々の生活に溶け込んだ事業から始まっていたので相性が良かったのかもしれません。ゼネコンを中心にした建設業は今も請負が主であり、昔ながらのやり方でしか進められていない企業がほとんどだと思います。

　様々な部門が登場したことで、建設業の組織の重心は移りつつあります。棟梁から現場代理人制度が生まれ、本社と現場組織だけで成り立っていた業界は、本社や間接部門に6割の人員が配置され、重心が現場組織ではなくなりつつあります。また、グローバル化の波、プロジェクトのさらなる複雑化、修繕修復工事の増加など、建設業の市場は変化し続けています。歴史を振り返ると、現在の人々が持っているイメージとは全く異なり、建設業は動き出すと大きく物事を変えていくポテンシャルを持っているのではないかと感じることができます。

　しかし、それを実行するには過去は参考とし、これから変えていく意志と情熱が必要です。現場代理人制度から始まったので、長きにわたり建設業の経営層は工事現場出身の人が多い傾向です。欧米諸国の建設会社では、経営は経営のプロが取り仕切っています。それが決して悪いとは言わないですが、私は建設業の経営層は現場出身の人がいるべきだと思います。ただ現場出身だけだと多様性の面で問題があり、完全に企業と化した現代の建設業においては、外部から新しい血を入れることも必要だと感じます。

　近年の建設業の大きな変化として、本書のテーマでもある建設テック（建設×テクノロジー）の動きがあります。なぜ建設テックが注目されるかといえば、2008年のリーマン・ショックあたりから建設業における人手不足の問題が顕著になり、生産性向上が喫緊の課題になったからです。これまで、建設業は雇用の受け皿になっていたこともあり、あまり生産性の低さを問題にされることはありませんでした。しかし、労働者の高齢化が進み、将来にわたり大きく人手不足になることが明らかで、生産性向上への機運が高まったのです。日本建設業連合会が発行している「建設業ハンドブック」によると、売上高から原材料費や仕入原価などの変動費を差し引いた実質粗付加価値額に年間の総労働時間数を掛けた労働生産性は、製造業は20年間でおよそ1.5倍上昇したのに対して、建設業は20年間ほとんど変わっていないといった現状があります。

　『日本の建設業』の中でも労働者不足、そして現場管理の業務が極めて不規則であり、残業や休日出勤が当たり前となっている現状が記載されています。日本建設産業職員労働組合協議会が1960年に当時の労働省に日曜全休制協力要請をしているぐらいであり、生産性が低いという課題は実は近年に始まった話ではないことが分かります。2017年に日本建設業連合会は「週休二日実現行動計画」を掲げており、当時よりは休める日や労働環境は改善されたと思いますが、それでも生産性を他産業の水準に高めるのは長年の課題と言えるでしょう。

　建設業は、時代のニーズに追従し、変化することで新しい事業体制を生み出してきました。1870年ごろにゼネコンが生まれ、1950年ごろにハウスメーカーが生まれ、それから半世紀が過ぎています。

そろそろ、ゼネコンに代わる新たな事業体制が生まれてもおかしくありません。建設技術や仕組みがある程度成熟してきた中で、生産性向上に向けたデジタル化の取り組みは、新しいスタイルの建設業が生まれる芽吹きのように思います。

　建設テックは生産性向上を目的とした新しい取り組みですが、本書の視点はその先にあります。生産性向上が待ったなしの建設業が、デジタル化を推し進めることでデジタルゼネコン（Digital General Construction：デジタル総合工事会社）という新しい業態の建設業に生まれ変わる道筋を書いています。

第 **2** 章

デジタル化が
進む建設業

2-1　建設テックとは何か

　建設業の長い歴史の中で請負の仕組みが生まれ、建築ニーズの変化に対応するために建設技術が成熟しました。現在は、人手不足問題を解決するために生産性向上が喫緊の課題となり、テクノロジーを用いたイノベーションが多く生まれています。イノベーションの実体は、建設とテクノロジーを組み合わせた建設業特化のITを中心としたサービス、一般に「建設テック」と呼ばれているものです。

　建設業は時代のニーズに合わせて変化してきた歴史があり、昔から新しもの好きな人が多く、「活用できるものは活用しよう」という気質の人たちが多くいます。業務にコンピューターを取り入れるのも比較的早く、建物の設計業務はパソコンが登場した頃からCAD（Computer-Aided Design）が使われ、構造設計分野では高度な分析ソフトが使われてきました。このようにデスクワーク主体の業務は昔からIT化が進んでいましたが、建設業の現場とは一般に工事現場のことを指し、それはたいてい屋外で、IT機器の使用に適しません。そのため工事現場でのIT活用はなかなか進みませんでしたが、iPadなどのスマートデバイスの登場が転機となり、今では屋外でも積極的にIT活用されています。

　本章では「建設テック」に焦点を当てます。個別の製品・サービスを紹介するのではなく、それらを俯瞰的に見て「何が起きているのか」という視点で捉えたいと思います。

2-1-1　建設技術と建設テック

　まず、本書で取り上げる「建設テック」とは何かを定義しておきたいと思います。建設テックとは「建設」と「テクノロジー」を組み合わせた造語です。最近では特定産業と情報技術を組み合わせた動きやサービスのことを総じて○○テックと呼ぶムーブメントがあります。例えば金融業であれば「フィンテック（Financialとテクノロジー）」、農業であれば「アグリテック（Agricultureとテクノロジー）」、建設業は「コンテック（Con Tech）」や「コンストラクションテック（Construction Tech）」などとも呼ばれていますが、日本では「建設テック」と表現するほうが直感的に伝わりやすいかなと思いそう呼んでいます。コンテックもコンストラクションテックも同じ意味だと思っていただいて大丈夫です。

　建設テックの「テック（テクノロジー）」とは、狭義の意味では、建設生産（主に設計・施工）という建物を建てるために必要な過程において、そこで発生するデータを蓄積し、実際の物理的な建物や人などに反映させる技術のことです。それらに関連する動きを「建設テック」と表現していましたが、テクノロジーの発展に伴って様々なものが変わりゆくことがあり、結果的にもともとは意味してなかった範囲まで言葉の意味が広がる現象はよく起きます。建設テックの本書での定義は、「建設業および関連会社で使われる情報技術や付随する革新的な動き」とします。ITを代表とする多くの最新技術のほか、ビジネスモデルや働く人などもテクノロジーの対象となり、建設テックとはそうしたテクノロジーによる革新的な「動き」のことを指します。なお、前章でも出てきた建物を建てるための工法や建築法などの仕組みも、幅広く見れば技術であり英語にす

ると technology ですが、本書ではそれらを「建設技術」と呼んで「建設テック」とは区別します。

　建設技術と建設テックの決定的な違いは、建築物に対して物理的に影響を与えるかどうかです。建設技術は物理的な影響を与え、それがないと建築物を造ることはできません。建設技術は前章で書いた通り、市場のニーズによって進歩してきました。例えば、「請負契約」は業界がより大規模なプロジェクトに取り組むために生まれたもので、「鉄筋コンクリート」は超高層というこれまでにない建築物のニーズによって生まれたものです。つまり、建設技術は建てるという行為に直結しており、建設技術がなければ建物を建てることができないのです。

　一方の建設テックは、建築物に物理的に影響を与えません。テクノロジーが生まれるはるか前から業界では建物を建てており、建設テックは「建てる」という行為に物理的に関係しない技術とも言えます。このように説明すると、「テクノロジーなんて必要ない」と思ってしまうかもしれませんが、決してそんなことはありません。むしろテクノロジーが得意とする領域を考えると、これからの建設業にとってなくてはならないものになるはずです。

2-1-2 テクノロジーが得意な領域

　では、テクノロジーが得意とする領域はどんな領域でしょうか。簡単に言ってしまえば生産性の向上です。産業革命も情報革命も、本質的には人が行っていた作業を機械やコンピューターに継承する点にあると考えます。情報技術は物理的なものは作れないものの、

人同士でやりとりしている情報を生み出し、情報のやりとりを効率化することが可能です。成熟した産業ほど、ビジネスは「モノの流れ」から「情報の流れ」となっており、デジタル化をいかに行うかがビジネスにおいて大事になってきているのはそこに理由があります。

　建設技術は「『建てる』ためのもの」、建設テックは「『建てる』の周辺にある情報の流れを効率化するもの」です。現在の建設業では欠かせないクレーンを例に見てみましょう。クレーンは高層階の建築物を造るのになくてはならない機械です。建設業に従事している人はさておき、あんなに大きなクレーンを建設途中の上層階にどうやって設置したのか、最後にどうやって解体するのか、不思議に思った方がいるかもしれません。簡単に説明すると、最初のクレーンは地上で人が組み立てられるくらい小さいもので、そのクレーンを使って少し上階に少し大きいクレーンを作り（クレーンを作ったクレーンは解体します）、そのクレーンを使ってさらに上階に少し大きいクレーンを作りと繰り返し、徐々に高層に、徐々に大きなクレーンを設置していきます。上層階での役割を終えたら、今度は逆のことをして徐々に下りていき、だんだんとクレーンが小さくなり、最後は人が解体できる大きさになります。これらを支えているクレーン技術は建設技術です。

　建設テックは直接クレーンという物理的なものには影響を与えませんが、クレーンの一連の動きに必要な情報の整理や分析によって、間接的にクレーンの動きに影響を与えます。例えば、クレーンの旋回範囲、クレーンで持ち上げているもの、地上にあるもの、といった情報を分析して的確に操縦者に伝えれば操作の補助になります。

図表2-1

また、持ち上げているものの荷重や旋回角度、風の状況などをビッグデータとして分析することができれば、効率的な操作方法が分かります。将来的には自動運転も可能になるかもしれません。このように建設テックは物理的に影響を与えないものの、周囲の情報をうまく扱うことで、結果的に生産性を向上させることができるのです（**図表2-1**）。

2-1-3 建設テックへとつながる2つの流れ

先ほど、コンテックもコンストラクションテックも建設テックと同じ意味だと説明しましたが、こうした言葉が登場する前から、「建設IT」「建設ICT」という言葉が使われてきました。これらもほとんど同じ意味で使われていると思います。ということは、以前から建設テックにつながる取り組みは実施されていたということになります。そこでここからは、建設テックと呼ばれる前の時代に遡り、建設業にテクノロジーはどのように広がってきたのかを追ってみましょう。

　建設業へのテクノロジーの広がりは、大きく 2 つの流れに分けることができます。それは「CADからBIM」と、「ITツール」という流れです

CADからBIM

　1 つ目の大きな流れは「CADからBIM」です。CADとはコンピューターを使った作図システムで、手書きで描いていた図面をコンピューターで描くことによって生産性が大幅に向上しました。ちなみに、いわゆる「お絵描きアプリ」とCADの決定的な違いは、CADには座標系があることです。CADで作った図面データを工作機に送れば、工作機はデータから位置関係を正確に捉えることができます。通常の座標とは違い、任意の幾何学的な原点 (0,0) または (0,0,0) を基準として、X座標、Y座標、Z座標の 3 つの座標でデータの位置を表すようになっています。詳細は割愛しますが、図面はお絵描きアプリのようなものでは代替できないのです。そのCADですが、今日では図面を手で描いている人はいないほど普及しています。このように、従来は人がやっていた作図という作業をテクノロジーが継承し、それによって生産性が向上するといった取り組みは、今の建設テックの主流となっています。

　CADは2Dで表現する図面から3Dで表現できるようになり、今では3D上で建物のすべてをシミュレーションして再現するBIMに進化しました。建設業ではBIMという言葉は2009年ごろから一種のバズワードとなっており、現在では聞かない日はないぐらいです。建設テックの大きな流れの 1 つ目がこの「CADからBIM」です。これについては「2 - 2　CADから始まったBIM革命」で詳しく説明します。

ITツール

　2つ目の大きな流れは「ITツール」です。この流れのエポックメイキングな出来事に、大林組による3000台のiPad配布があります。2012年、大手建設会社の大林組は、施工管理の技術職全員を対象に約3000台のiPadを配布したというニュースが業界に衝撃を与えました。今では当たり前のように仕事でも使われているスマートデバイス（当時、iPadは「タブレット端末」と呼ばれていた）ですが、当時はまだ第2世代のiPadが出たぐらいで、他産業を含めてもこの規模の導入は非常に珍しかったかと思われます。当時の大林組のプレスリリースには次のような記述があります。

「タブレットの特性であるMobility（機動性）とVisualization（視覚的であること）を最大限に活かして、『現場に居たまま情報の確認や業務処理ができる』環境を整え、『現場で起きていること』に今まで以上に『即応』できるスタイルを確立」

　これまでノートパソコンやPDA（Personal Digital Assistant）を工事現場で活用しようと試行錯誤されてきましたが、ようやく現場に適した端末が出てきたと判断されたのでしょう。なお、2004年のことですが、大手ゼネコンの鴻池組が建築管理業務におけるモバイルコンピューターに適したデバイスを調査しています。ハードウエアの携帯性、図面情報対応、ユーザーの開発システムなど大きく11項目があり、iPadはその調査結果に驚くほど合致しています。まさにiPadを代表とするスマートデバイスは建設会社が仕事で使う点では待ちに待ったデバイスと言えるでしょう。大林組の導入を皮切りに工事現場への浸透が進みます。この流れについて「2-3 ITツール革命」で詳しく説明します。

2-1-4 SaaSから建設プラットフォームへ

SaaSの恩恵受ける

　スマートデバイスの登場は、クラウドへの考え方も変えていきます。ITツール革命の初期はまだクラウドに対して懸念がありました。そのため、スマートデバイスのITツールはインストールタイプのソフトウエアが主流で、事務所に戻ったらパソコンと同期することが必要だったのです。しかし、利便性の観点から、インストールタイプではなくクラウドを利用したサービスが求められるようになったのです。

　本書では、一般消費者向けではなく法人向けのクラウドサービスを「SaaS」（Software as a Service）と呼びます。SaaSとは言葉の通りソフトウエアをサービスとして提供する形態で、サービスとはソフトウエアをインストールして使うのではなく、クラウドにあるソフトウエアを、インターネットを介してWebブラウザー（EdgeやChromeなどWebページを閲覧するために使うソフトウエア）で利用することを指します。今ではインターネットにさえつながれば、同じWebブラウザーでクラウド上の多くのソフトウエアをサービスとして使うことができます。以前はソフトウエアがアップデートされるたびに1台1台のパソコンにも作業が必要でしたが、SaaSとなったことで、そうした作業は不要になりました。

　SaaSの提供とともに、ソフトウエアのビジネスモデルも進化します。従来のソフトウエアは「買って使う形態」（提供側から見れば「売り切り」）でしたが、Webブラウザーさえあれば利用できるようになり、「手軽に使い始められる」ことを生かし、使った分だけ利

用料を支払う形態に変わっていきました。この形態であれば、使い始めに購入費用がかからないので、利用者は少し使って、気に入らないならすぐにやめることも可能です。このビジネスモデルを「サブスクリプション」、略して「サブスク」と言います。

　サブスクを提供する側からすると、利用者に使い続けてもらわないと収入が減ってしまうので、やめられないようにしっかりサポートしたり、機能を追加したりして、サービスレベルを上げようとします。利用者側からするとサブスクは非常に良い仕組みなので、サブスク型SaaSの勢いが増し、今では多くの建設業向けのサブスク型SaaSが登場して一気に広まりました。

建設プラットフォーム

　SaaSの場合、データは端末ではなくクラウドに蓄積されます。すると、クラウド側に蓄積したデータを活用して新しい価値を生み出そう、そのためにデータの蓄積を工夫しようという発想が生まれます。それは、建設データを蓄積して活用する場という観点で、「建設プラットフォーム」と呼ばれています。「ITツール革命」という建設テックへの大きな流れは、「建設プラットフォーム」へと変化しているのです。この流れは「2－4 建設プラットフォームの時代」で詳しく説明します。

　「CADからBIM」「ITツール革命」および「建設プラットフォーム」という流れは国内だけではなく世界的な動きで、建設テックではグローバルカンパニーが多数生まれています。CADもBIMも米国から入ってきた考え方ですが、建設テックでも世界をリードしているのは米国です。日本企業が提供するサービスはあるものの、その多

くはローカル色のあるサービスです。グローバルな視点で見ると、日本は建設技術で世界をリードしていた時期がありましたが、建設テックでは出遅れ後進国になっていると言わざるを得ない状況にあります。

　建設会社という立場で考えれば、建設テックに取り組まなくても、すぐに危機的な状況になるとは思えないです。しかし今後は、テクノロジーの進化に合わせて「適切」に取り組む会社と、そうではない会社で大きな差が生まれてくることでしょう。なぜなら、建設業の成長の源泉は、「建設技術」から徐々に「建設テック」に移っているからです。そのため、建設テックの流れを理解しつつ、なぜ建設業は建設テックに取り組むべきなのか、そしてどのように取り組めばよいのかを考えていきたいと思います。

まとめ

(1) ここ数年で「建設テック」と呼ばれる建設業向けのテクノロジーが拡大している。建設テックは単に技術そのものを示すだけではなく、それに付随したビジネスモデルや革新的な動きなど全体を示す言葉になっている。

(2) 建設生産の過程で利用されるテクノロジーの普及は、大きく「CADからBIM」「ITツール」という 2 つの流れがある。さらに「ITツール」は「建設プラットフォーム」という流れを生み出している。

2-2 CADから始まったBIM革命

2-2-1 CADは建設テックの始まり

　建設テックの歴史は1983年にまで遡ることができます。この年、Autodesk社が商用ソフトウエアとしてCADを世界で初めてリリースしました。それまでにもCADという言葉はありましたが、研究段階のものが多く実務で使えるようなものはありませんでした。そもそも、1980年代はGUI（Graphical User Interface）の概念が生まれたパソコンの黎明期であり、仕事にパソコンを使う文化すら根付いていませんでした。そんな時代にMS-DOSという汎用的なOS（オペレーティングシステム）を搭載したパソコン上で動く商用CADソフトウエアをリリースしたことは画期的な出来事であり、その後CAD市場は大きく広がっていきます。

　今では、グローバル企業であるAutodesk社のCADソフトウエアは世界中で活用されています。Autodesk社の存在は、「建設業向けにテクノロジーを提供する商売が成り立つ」だけでなく、「建設テックでグローバル企業になれる」ことを証明していると思います（ちなみにAutodesk社は建設専門CADだけでなく、機械などの他産業やエンターテインメント向けのCGツールなど幅広く商品展開をしています）。これが今に続く建設テックの歴史の始まりです。

　では、CADは建設業にどのような影響を与えたのでしょうか。CADは、基本的には作図を効率化するためのソリューションです。

CADが出る前はドラフターと呼ばれる製図版に紙を敷いて図面を手で描いていました。そのため、上手に線を引けない人はまともな図面を描くことすらできませんし、間違えたら消しゴムで消すので、どんどん図面が汚れていきます。なにより、「通り芯」と呼ばれる基準線を間違えたら全部描き直しが必要になるのです。

　CADはこれらの面倒な課題を一挙に解決しました。数クリックで簡単に線を描けるし、消すときもデリートキー一発で、図面が汚れることもありません。線を間違えても、まとめて移動できます。CADがあれば、線の描き方という基本的な部分を飛ばして、設計者が考えていることをダイレクトに効率良く表現できるようになったのです。

　一方で、CADが普及したことによる弊害も出てきています。設計者が図面を手で描く際、書き直すのが大変なので線1本1本がどのような意味なのかを丁寧に考えながら描いていました。そうした経験をしていると、図面を読む力や設計のコンテキストを読む力がつき、確実にスキルアップしていたのです。それがCADによって手軽に描けるようになった結果、図面にまつわるスキルが業界全体で大きく下がってきていると言います。特にゼネコンのような設計自体が全体業務の一部にすぎない業態だと、実際に細かく図面を描くのはCADオペレーターが実施するため、図面の読み描きスキルが身につきません。現代において図面を描くスキルはCADソフトを使いこなすことを指し、今では手できれいな図面を描けること自体が職人的な特殊スキルだと言う人も少なくありません。

　建設テックは効率化をもたらし働き方を変えたのはもちろんのこ

と、必要なスキルの変化や産業自体にまで影響を与えているのです。これは、建設テックは技術だけのことではない一例と言えます。

2-2-2 多くの企業が参加したCAD市場

CADは建設業のほか、製造業や自動車産業、航空産業など幅広く図面を描くのに使われています。業界を選ばず多用途に使えるCADを「汎用CAD」と呼び、各産業に特化したCADは「建築系CAD」「電気系CAD」などと呼ばれます。建設業ではどちらも使われていますが、本書では特に記載しない場合、後者の建設業特化CADとします。1983年にAutodesk社が世界初の商用CADソフトウエア「AutoCAD」を販売してから多くのプレーヤーが参入し、市場でシェアを取り合うことになります。その様子を一言で表現すると「Autodesk社 vs その他大勢の戦い」です。CADという言葉がほとんど普及していなかった頃から商用CADソフトウエアを販売してきたAutodesk社は、絶対王者として長きにわたりCAD市場を引っ張ってきました。

多くの企業がAutodesk社に挑戦し、時にはライバルが団結して挑んだこともあります。団結の出来事として記憶されているのはODA（Open Dwg Alliance、現：Open Design Alliance）の設立です。ODAは、CADファイルの相互互換性（dwgやdxf）、可視化、開発のための様々なテクノロジースタックを提供するなど、CADに関連する技術仕様を策定する米国の非営利団体です。CADファイルは基本的にメーカー独自仕様なので、A社製のソフトウエアを使って作ったCADファイルはB社製のソフトウエアでは見ることができません。また、CADのデータを基にシミュレーションした

り、図面から何かを分析したりと、様々なニーズが生まれてきているのですが、そうした情報もメーカー独自仕様として定義されていると、情報のやりとりが大幅に制限されることになります。なので、CADの標準ファイルであるdwgなどをオープンの場で議論して共通フォーマットとして作っていこうと言うのがODAという団体の狙いです。

　Autodesk社はODAに所属していません。CADの共通フォーマットであるdwgの策定には大きく関わり、Autodesk社は自分たちのdwgをTrusted DWG（本物のDWG）と呼んでいます。それはあたかも、ODAが策定したdwgは偽物だと言わんばかりです。なぜこうなったかを書くと長くなるので短くまとめますが、Autodesk社はかつて米連邦取引委員会から独占禁止法でクレームを受けたことがあります。あまりにもCADという市場を独占し過ぎたということでもあるのですが、その時、競合はdwgをリバースエンジニアリング（分析・解析すること）してオープンな仕様にしようともくろみ、ODAは独占を続けるAutodesk社に対抗して作られた組織という見方ができると思います。

　グラフィックソフトウエアでシェアを伸ばしていたVisio社がCADに参入した際、CAD市場は盛り上がりを見せます。そのVisio社はMicrosoft社に買収され、Microsoft社がCADに参入することになるのです。このように、CADの歴史は多くのプレーヤーが参入することでたくさんの製品が生まれテクノロジーが進化し、結果的に設計分野は非常にデジタル化が進むことになりました。今日、図面を手描きするのは大学の授業で少しあるぐらいではないでしょうか。

2-2-3 日本市場で存在感示したJw_cad

　Autodesk社がけん引してきたパソコンCAD市場はグローバルに広がり、日本市場にもやってきます。工事にはローカル性がありますが、作図は世界共通項が多く、AutoCADが瞬く間に席巻すると思いきや、日本のCAD市場にはグローバルにはない独自の面白いCADソフトが存在感を示しました。建設業界で働く人であれば、知らない人はいないぐらい有名な、完全無料のCADソフトウエア「Jw_cad」（ジェイダブルキャド）です。

　Jw_cadを開発したのは、建築設計現場で仕事をしていた清水治郎氏、田中善文氏、岡野輔仁氏です。開発した方々の情報も含めてJw_cadの歴史は文献などでもほとんどなく、1997年から更新され続けているJw_cadの公式ページ（https://jwcad.net/）で推測するしかない状況です。その公式ページによると、1997年の7月1日に「テストバージョンとして初アップ。」と書いてあり、その後、数カ月に1回のバージョンアップを重ね、執筆時点（2022年10月）でも新しいバージョンが出続けています。1997年に提供していたバージョンはMS-DOSに対応しており、詳しいデータはありませんが、それほど多くの利用者はいなかったと思います。その後、Jw_cadはWindowsに対応したバージョンをリリースして流れが変わります。ある時期、Windowsのフリーソフトウエアが大流行し、それがきっかけで無料のJw_cadが多くの人の目に触れます。実際に使ってみると、しっかり図面も描け、全く問題なく仕事に使えたと評判になり、国内で多くの利用者を獲得することになります。

　Jw_cadはdwgではなくjwwという独自形式のファイルです（dwg

やdxfに変換可能です）。Autodesk社が世界進出した際、「日本だけ
はJw_cadの存在がありなかなか広まらなかった」という話は、定
かではないですが業界内ではよく聞きます。今でもJw_cadは国内
でよく使われているCADの一つです。良質なソフトウエアが無料
で使えるのは素晴らしいことである一方で、「CADにお金を払う」
ことが行われずベンダーにお金が集まらない面も指摘されていま
す。ベンダーが競争することで産業全体のデジタル化のレベルが上
がるのも事実であり、そうしたことが阻害されたと見る向きもあり
ます。実際、グローバルにも通用する有力な国産CADと言えるも
のは出てきていません。Jw_cadの産業貢献は当然大きく称賛され
るべきですが、こうして振り返ると一長一短ある出来事だと思いま
す。

COLUMN ソフトウエアに大きな投資をしない日本

　近年は少しずつ変わってきていますが、ソフトウエアという目に
見えないものに大きく投資をしないというのは、建設業界特有の文
化ではなく、日本全体の傾向であるという調査結果があります。例
えば、日米において1社当たりのクラウドサービス平均利用社数に
は10倍以上の開きがあります。日本の建設技術はグローバルで見
てもトップレベルですが、建設テックの取り組みは世界から大きく
出遅れている原因の一つは、こうした点にあるのではないかと考え
ています。

2-2-4 CADからBIMへ

　CAD市場は今もAutodesk社が最大のシェアを獲得しています
が、2010年代に入ると、新たな動きが始まります。それがBIMで
す。BIMは3次元のデータベースと定義されることが多く、3Dで
表した建物形状に値段や材質、施工期間など様々な属性情報を付加
することで建物の情報を一元的に管理しようという考え方です。従
来のCADで描いた線はただの線にすぎなかったのですが、BIMは
そこに情報を持たせることで、作図の効率化ではなく設計データを
効率良く収集して整備するプラットフォームにしようとするもので
す。本書では分かりやすくするために、BIMという考え方を実装し
たソフトウエアを「BIMツール」、BIMツールで作成した3Dモデル
を「BIMモデル」と呼びます。BIMモデルは建物を3Dの形状情報と
して表し、構成する柱や壁、階段や設備などはすべてオブジェクト
指向に基づいた情報を持っています（**図表2-2**）。

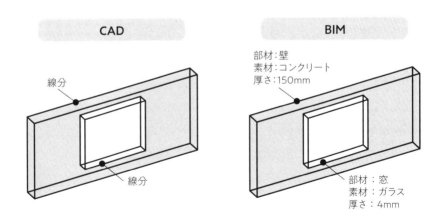

図表2-2

　オブジェクト指向はソフトウエア開発に用いられる考え方で、モノの役割に応じてクラスと呼ばれる設計図を作ったうえで、モノとモノとの関係性を定義していくことでシステムを構成します。例えば、「柱」クラスには、その柱がどのような役割を持っているのかが定義されているほか、形状、材質、品番、価格などといった項目があります。クラスの定義に基づいて生成されるインスタンスが実際の「柱」（柱オブジェクトと呼ぶ）で、BIMモデルに柱オブジェクトを配置され、配置されたオブジェクト一つひとつに情報を格納することができます。図面が完成してオブジェクトの項目に値が設定されれば、どの材質の柱が何本あるか、それらの価格はいくらになるのか、といった情報をBIMモデルから取り出すことができます。また、空間にも情報を持たせることが可能で、この空間はリビング、この空間はトイレといった定義をすることも可能です。このように情報で形成された建物を造るということからBuilding Information Modelingと呼ばれています。

　とはいえ、すべてのオブジェクトにすべての情報を定義するのは現実的ではない点から、どこまで情報を入れればよいのかといったLOD（Level Of Detail）といった考え方が導入され、施工に生かすために日本建設連合会は「施工BIMモデル」を提唱するなど、様々な工夫がされています。

　BIMは、製造業のフロントローディング（生産工程において前倒しが可能な工程を初期段階に行うこと）を建設業で実施するために考えられた手法でもあります。建設業は通常の製造業とは異なり、利益を後半で出すスタイルです。少品種大量生産の製造業とは異なり、一品生産かつ造るものが毎回異なるので、利益を前もって精緻

に確定させるのが難しく、ある程度は工事現場で吸収する必要があります。BIMはその不確定要素を減らすために、設計段階で3Dの形状と属性情報を集めてデータベースとすることで、前もっていろいろな検討を可能とする考え方です。建設会社が長い間にわたり生産性向上に向けて求めてきた考え方でもあることから、BIMは急速に受け入れ始められました。日本では2009年に建築家でもある山梨知彦さんが『BIM建設革命』（日本実業出版社）を出版して盛り上がったこともあり、2009年がBIM元年と呼ばれています。既にそれから10年以上たつものの、いまだにその本に書かれているような革命的な使い方には至っておらず、広く普及するにはまだまだ課題もある状況です。

2-2-5 思想により枝分かれしていくBIM

主要なBIMツール

　CADからBIMへのシフトを敏感に感じ取ったのは、CADのトッププランナーAutodesk社です。同社はRevit（レビット）と呼ばれるソフトウエアを提供するRevit Technology社を2002年に買収し、自社のBIMブランド「Autodesk Revit」として展開します。BIMは建設テックの中でも一大市場となってきており、Autodesk Revit以外にも数々のBIMツールがあります。特徴としては、3次元データベースという複雑なツールであることから、開発者の思想が色濃く反映され、ツールごとの独自仕様で発展しています。

　例えばBentley Systems社が提供しているMicroStationは、主にプラント建築の設計に特化したBIMです（Autodesk Revitは汎用的なBIMです）。実はMicroStationの歴史はかなり古く、CADの黎

明期でもある1980年代まで遡ります。記録によって異なるのですが、Autodesk社のAutoCADとほぼ同じ時期、もしくはそれよりも前にMicroStationは登場しています。もちろん当時は2DでありAutoCADと同じく図面を作画するツールでしたが、ジオエンジニアリングを中心とした環境工学やプラント建築といった設計に特化することで競争優位性を築きつつ、現在ではBIMの有力ツールの一つとなっています。国内では大手ゼネコンで広く使われていたこともあり、今後も状況によっては主流になることも考えられます。

MicroStationのほかにも特定領域に特化することで生き残っているBIMツールはたくさんあります。例えば、世界的建築家の一人であるフランク・ゲーリーが保有するテクノロジー企業、Gehry Technologies社が提供する「Digital Project」というBIMツールです。フランク・ゲーリーは米国を拠点とする著名建築家で、デザインした建物は脱構築主義建築と呼ばれる、少し独特な形状をしている建築を多く生み出しました。代表作には、ビルバオ・グッゲンハイム美術館や、ウォルト・ディズニー・コンサートホール、エクスペリエンス・ミュージック・プロジェクトなどがあります。そのどれもが波形鉄板や金網、合板などの工業用素材を使っており、ゲーリーの建築を知っている人が見れば、誰もがゲーリーが造ったと分かるデザインです。

これらの建築物を造るためにゲーリーはテクノロジーにも精通し、モデリングや構造解析を行う航空力学機械設計を建築に適応しました。その過程で、自動車や航空機の3次元CADの分野でグローバルスタンダードになっているCATIAという設計ツールに着目し、建築への応用を進めます。CATIAはMicroStationと同じく歴史の

あるプロダクトです。特徴的なのは、自動車や航空機などの部品ごとに設計し、完成品はそれら部品を組み立てていくというアセンブリ型なので、一つの完成品を1ファイルにするのではなく、部品ごとにファイルを作ることです。こうすることで、設計が効率化されるだけでなく、1ファイルが大容量にならないなどのメリットがあるほか、ゼロから形状を作るのではなくパラメトリックモデリングという手法が主として採用され、数値情報を記入していくことで簡単に形状を生成することが可能となっています。

　ここに目をつけたゲーリーは自らテクノロジーの会社（Gehry Technologies社）を設立し、建築に特化したCATIAとしてDigital Projectを作ります。こういった経緯もあり、Digital ProjectはほかのBIMツールとは異なる独自の操作体系です。ファイル分けやパラメトリックモデリングを適用し、製造業としての建築の可能性を見せてくれます。こういったモジュール設計は国内のハウスメーカーの手法に少し似ています。奇抜な形状を得意とするゲーリーから製造業よりの思想が入ったBIMツールが出てくるのは大変興味深いです。個人的には、フロントローディングやオブジェクト指向といったBIMの思想を最も体現しているBIMツールなのではないかと思っています。

Google社が注目

　もう一つ特徴的なBIMを紹介します。それはSketchUpです。「それはBIMではない」と指摘されるかもしれませんが、3次元で情報を付加できるという点において、立派なBIMだと私は考えています。SketchUp自体は建設業のために作られたわけではなく、汎用的な3Dドロワーソフトウエアとして開発されました。つまり、誰でも

簡単に3Dモデルを作れる利点があります。このツールは建設の設計現場でも広く活用されており、日本建設業連合会が実施したアンケート結果を見ると、BIMツールとして認識されていることが分かります。

　その背景には、テクノロジー界の巨人Google社の存在があります。世界を3次元に見ることのできるGoogle Earthの機能強化を考えていたGoogle社は、建物の3Dをユーザーの集合知で作ってもらうことができないかと画策します。そこで当時「3D for Everyone（みんなの3D）」を掲げ、SketchUpを提供していたベンチャー企業のLast Software社に目をつけます。つまり、簡単な3Dツールを無料で配布して普及させ、Google Earthの建物としてダイレクトアップロードできるようにしようと考えたわけです。2006年にLast Software社を買収したGoogle社はSketchUpを無料で配布することで一気にシェアを拡大します。

　SketchUpをCADとして活用するのは少し難しいものの、当時の3次元CADやBIMツールと比較すると3Dを描くというハードルは低く、なによりも無料ということもあって建設業でも使われ始めます。特徴的なのは、当時はまだ珍しかったプログラミング言語Rubyを活用してプラグインを開発できる点です。これにより、3Dを簡単に描くというコア機能を残しつつ、ほかのBIMツールにあるような4D、5Dといった複雑なことも可能にしていきます。そして建設の現場で使われるようになっていくと、当然ながらBIMとしての活用の可能性を模索していきます。

　象徴的だったのは、2011年、国内における建設テックの最大規

模のイベント「Archi Future」にGoogle社が登壇した時のことです。その講演でSketchUpの方向性を語り、明確にBIMという言葉を使っていたのです。Google社はその後、FluxというBIMプロジェクトを立ち上げ、CADの時にMicrosoft社が興味を持ったようにBIM市場の開拓を狙っていたのだと思います。しかし、建設業という複雑かつクローズドなマーケットに勝算がないと見たのか、翌2012年にはグローバルの測量機器メーカーTrimble社にSketchUp社を売却します。Fluxは計画を中止してGoogle社のBIMへの取り組みは完全になくなります。とはいえ、建設テック市場はMicrosoft社だけでなくGoogle社も魅力的な市場と思っていたことは間違いなく、それは興味深いことだと思います。

工事現場で浸透しないBIM

　CADは建設テックの始まりでもあり、数十年にわたって考え方を進化させ、現在のBIMへとつながっています。ところが、BIMにその主戦場が移った後、いま一つ進んでいないように見えてしまいます。それは、CADは作図の効率化が中心ですが、BIMはプロジェクト全体の効率化へと中心が移っているからと見ることができます。その証拠にBIMは、設計分野にとどまらず、どのように施工で活用するかという視点での検討が進んでいます。しかし、設計と施工は異なり、施工で考えるべきパラメーターは多く、設計で使うCADの延長であるBIMは、工事現場ではなかなか浸透していません。

　BIMは設計図面にあらゆる情報を登録しておく考え方ですが、実際は工事現場の情報は完全に入っておらず、それらをどのように効率良く集めるかが課題なのです。つまり、工事現場では設計図面に

描いていないことがたくさん出てきます。究極のところ、施工の目的は設計図通り、コストと期間、そして安全と品質に順守したうえで工事を進め、完工させることにあります。そうなると、どうしてもデジタルだけでは完結せず、設計図と現場の現状を比較して対応する必要があるのです。

　BIMの本質は3次元データベースですが、歴史的な経緯で3Dの形状情報を持っています。つまり、形状と属性情報が密結合になっているのです。これは、ITのプロダクト開発における設計観点から見るとバッドパターンです。もちろん、形状と属性情報がひも付くという点が受け入れられて現状のBIMがあるのは理解できる一方で、施工も含めたプロジェクト全体のデジタル化というところまで手を伸ばそうとすると、形状と属性情報は疎結合でなければいけません。そして、先に書いたように、工事現場の情報をどのように効率良く集めるかも考えなくてはいけないのです。

まとめ

(1) 1983年にAutodesk社が世界初となる汎用CADソフトウエア「AutoCAD」を発売したのが建設テックの始まりと言える。CADの歴史は「Autodesk社 vs その他大勢の戦い」であり、今日に至る建設テック市場における陣取り合戦の歴史そのものでもある。

(2) 建設テックで最初に立ち上がったのはCAD市場である。CADの中で、さらに市場は分かれている。

（3）日本ではJw_cadという完全無料のCADが広がった。そのため
ソフトウエアという目に見えないもの、テクノロジーへの投資
が控えめという文化に少しながら影響を与えたと思われる。

（4）2009年は国内のBIM元年と定義されており、BIMという言葉の
ブランドの力強さにより建設業に広く導入が進んだ。一方で施
工フェーズにおける活用はいまだにポテンシャルを発揮できて
いるとは言えない。データ成形をいかに効率良く実施するかが
今後の展開の鍵になる。

2-3 ITツール革命

2-3-1 スマートデバイスの登場と普及

　建設業は他産業と比較してIT化が遅れているというイメージがありますが、設計のようなデスクワークは昔からITツールを積極的に使っており遅れてはいません。遅れているイメージは工事現場だと思いますが、現場は屋外の立ち仕事なので使いたくても使えるものがあまりなかったというのが主な理由です。デスクトップパソコンは屋外で使うことは物理的に無理ですし、ノートパソコンですら現場で持ち歩き、広げて使うにはかなり大変です。PDAの活用が研究されたこともありますが、画面が小さく、図面を見るには厳しくて本格的に使われることはほとんどありませんでした。こうした理由から、設計のデジタル化がCAD、BIMと進化していく一方で、工事現場はデバイスの問題でなかなかIT化が進まなかったのです。それを変えたのは、iPadをはじめとするスマートデバイスの登場です。

　2010年、Apple社はタッチスクリーン式の新しいタブレット型コンピューター「iPad」を発売し、建設業に大きな変化をもたらします。9インチを超えるディスプレーは小さくて図面が見えないということもないですし、タッチ式のディスプレーは物をなくしがちな工事現場において非常に利便性が高かったのです。実際、iPadが発売されてから多くの建設会社でテスト導入が進み、様々な研究や実験がされていました。

　工事現場でのスマートデバイス活用の流れを国内で決定づけたのは、前述したように大林組によるiPadの一斉導入です。これを皮切りに建設業にスマートデバイスは広く浸透し、今や仕事道具として当たり前のように工事現場で使われています。大手から始まった動きではありますが、多くの建設会社がこれに追従します。その普及速度はすさまじく、ゼネコンの戸田建設はiPadの携帯性を重視して作業着のデザインを変更したほどでした。

　ただ、iPadが一般に普及し始めた頃から工事現場ですぐに使われるようになったわけではありません。メールやスケジューラーなどパソコンで行う業務を事務所に帰らなくてもできるという点で便利ではあったものの、社内開発した現場支援ソフトも、市販の工事現場向けITツールもiPadではほとんど動作しませんでした。加えて、現場で起きていることを即座に伝えないといけないため、それらには音声通話が適しており、iPadの出番はあまりなかったのです。また、社内システムの多くがスマートデバイスに対応していなかったり、社内ネットワーク経由でないと接続できなかったりというシステムの問題もありました。

　iPadの大規模導入を進めたゼネコン各社はスマートデバイス自体の整備と並行し、iPadで動作するアプリケーション開発も手掛けます。この頃、業界団体最大手・日本建設業連合会が出した「建築工事におけるスマートデバイス活用の最新動向」（2013年）を見ると、iPad向けのアプリケーション整備がいかに急がれていたか、その様子が描かれています。当時はパソコン向けの建設業向けITツールは多々あったものの、iPad向けのものは少なかったですし、建設業も自前主義なところがありオンプレミスでの自社開発が基本でした。

2-3-2 建設テックを代表する世界の 2 社

　日本ではオンプレミスがまだ主流の頃、米国では建設テックを代表する SaaS 企業が頭角を現します。Procore Technologies 社と PlanGrid 社です。

Procore Technologies 社の「PROCORE」

　Procore Technologies 社（以下、Procore 社）は 2021 年、80 億米ドルを超える金額でナスダックに上場しました。この金額は既に日本で最も大きい建設会社の評価額を上回る金額です。Procore 社が提供する建設管理のための「PROCORE」は、ゼネコンや設計会社を中心に 160 万人以上の利用者にサービスを提供しています。PROCORE は建設プロジェクトのフェーズごとに 4 つの製品カテゴリー（Preconstruction、Project Management、Resource Management、Financial Management）があります。中心となるのは工事現場で使うプロジェクトマネジメントのためのアプリケーションですが、ほかにも入札管理や財務、デザイン支援、アセット管理などの機能があり、建物を建てる前から建てた後まで広くカバーしているのが特徴です。

　App Marketplace と呼ばれる連携プラットフォームを用意しており、Zoom、Google、Office365 など、250 種類以上のサービスとシームレスにつながるのもプロダクトの強みです。何か一つに特化するというより、とにかくできることを増やしており、近年は建設テック企業を M & A（合併・買収）することで加速させています。2017年には「Quality & Safety」「Project Financials」の製品を追加しています。前者は日本で言う KY シートやグリーンファイルなどの安全

関連の内容だと予測します。2018年にはZimfly社（BIManywhere）を買収し、2019年には現場のユーザーが3次元モデルを見てコラボレーションできる「Procore BIM」をリリースしています。

　2019年にはConstruction BI社の買収により、高度な分析とビジネスインテリジェンスを提供する「Procore Analytics」をリリース。さらに2018年と2019年には、それぞれBid Management（入札管理）とPrequalification（日本で言う調達機能にあたる）に関するサービスをリリースしています。もちろん施工管理で活用するフィールドアプリも継続して提供しており、日本でそのまま使える機能は見る限り少なそうではあるものの、創業から20年近く経過しているだけであって守備範囲の広さには驚かされます。

　企業ミッションに「connecting everyone in construction on a global platform」（建設業に携わるすべての人をグローバルなプラットフォームでつなげる）を掲げているだけあって、すべてを効果的につなぎ、これからもラインアップをどんどん増やしていくと思われます。また、利用者を増やす施策は注目に値します。Procore社と契約していない企業であっても、契約している企業の従業員の「共同作業者」として利用することが可能なのです。実際、PROCOREにログインした利用者の内訳を見ると、60％以上が「共同作業者」です。この「共同作業者」はPROCOREの良さを実際に使って知っているわけですから、自社案件ではProcore社と契約してくれる可能性が高いのです。「使いたい」と思いたくなるサービスであることが前提ですが、「共同作業者」という考え方でサービスの利用者を広げているのです。

　幅広い領域をカバーできているのは、なによりも歴史ある企業とい

うことが一番の理由でしょう。Procore社の創業は2002年で、CADの会社に比べると新しいですが、SaaSを生み出したとされるSalesforce社（「[COLUMN] SaaSを生み出したSalesforce社」参照）の創業が1999年であることを考えると、SaaSとしては古い部類に入ります。

　創業当初から建設業向けのソフトウエアを提供していたものの、当時は業界のITに対する感度は今よりももっと低く、導入はかなり苦労したようです。そこで考えたのが、建設事務所にインターネット回線を引くお手伝いをし、ついでにPROCOREを導入してもらう作戦です。こういった地道な努力によりシェアを伸ばし、スマートデバイスの登場により工事現場でも使えるようになり、加速度的な成長で上場を果たします。興味深いのは、2014年に初の外部資本となるベンチャーキャピタルからの出資を受けて以降、大きな投資をし続けている点です。スマートデバイスが普及したのを商機と捉え、成長投資を加速させたのが大きく実を結んだと言えるでしょう。

PlanGrid社の「PlanGrid」

　PlanGrid社は2012年、クラウドとモバイルに特化した次世代図面管理サービス「PlanGrid」を提供します。会社は2011年に建設業出身者によって設立されました。大林組が2012年にiPadを大規模導入したことを考えると、当時は世界においてもスマートデバイスの導入が進み、SaaSのニーズが高まった時代だと思われます。米国の名門アクセラレーター（スタートアップのように新しく起業した会社に知識や設備を提供することで事業の発展を支援・サポートする会社）のY Combinator社が投資したスタートアップとして注目されます。Y Combinator社がほかに投資採択した企業には、Dropbox社やAirbnb社など、未上場で時価総額が10億ドルを超え

るユニコーンと呼ばれる企業があります。当時、建設業向けアプリケーションは珍しく、米国の建設市場は100兆円近くあったので巨大なマーケットがあると踏んだのでしょう。なお、PlanGrid社はCADの王者Autodesk社に875億米ドルという巨額でM&Aされます。Autodesk社は「PlanGrid」を「Autodesk PlanGrid Build」と名称変更し、Construction Cloudと銘打って設計だけではなく施工側のマーケットにも進出していきます。

COLUMN SaaSを生み出したSalesforce社

　SaaSを代表する企業といえば、営業支援サービスを提供する米国のSalesforce社です。営業担当者が抱えている案件を集中管理したり、目標に対してどういった状況なのかを分析してネクストアクションを設定したりして、売上向上が見込めるSaaSです。クラウドという言葉が出た時は、SaaSは単なる提供形態の違いとだけしか見られていなかったのですが、実際はクラウドで動かせることで利便性の向上やコスト削減はもちろん、ビジネスモデル自体の変革によって提供価値が従来と全く異なるところまで進化しました。SaaSを利用するとデータは1カ所に集まり巨大なデータベースが構築できます。Salesforceもそうですが、データベースをリアルタイムに分析して解析することで、これまで通常の提供形態では実現できないことをクラウドの力で成し遂げることができたのです。Salesforce社は大きく成長し、現在では年間の売り上げが2兆円を超えるほどに成長しています。Salesforce社が生み出したSaaSの考え方は様々な分野、産業で広まり巨大マーケットとなっています。

2-3-3 日本の建設テックマーケット

　PlanGridは、日本の建設テックマーケットに大きな影響を及ぼします。当時、日本の大手建設会社はソフトウエアを自社開発し、各社にはお抱えのITベンダーがいました。iPadの登場で、そこで動作するアプリケーションを用意しなければいけない一方で、自社開発は時間もお金もかかります。そこで、建設会社は開発費を抑える代わりにITベンダーによるソフトウエアの外販を許可したのです。その際に参考したのがPlanGridです。同ソフトを参考に図面をiPadで閲覧したり検索したり検査に使ったりする、いわゆる図面管理ツールを作り、iPad向けアプリケーションとして外販が始まります。こうして2013年から2016年にかけて、図面管理アプリを中心に国内の建設テック市場は動いていきます。今でもこの頃に生まれてサービス提供している会社は多く、国内の建設テック市場の黎明期といっていいでしょう。

　図面管理ツールは工事現場に大きな効率化をもたらしました。施工管理者は工事現場で仕事をしますが、ずっと現場にいるわけではありません。事務所に戻る理由で多いのは、必要な図面を確認したり、取りに行ったりすることです。高層階の建物だと事務所に行くだけで時間がかかり、忘れ物を取りに行くのに30分近く時間をロスすることもあります。こうした状況は、スマートデバイスと図面管理ツールで劇的に変わりました。スマートデバイスだけ持っていれば、必要な図面を閲覧・検索できるので、わざわざ事務所に戻る必要はなくなったのです。

　スマートデバイスを工事現場で使うと便利だと評判になり、図面

管理以外の領域にも広がっていきます。また、当初は自社開発したインストールするタイプのソフトウエアが主でしたが、SaaSを提供する会社も多く現れ、建設業向けITツールがすごい勢いで増えていきます。

　では、この建設業向けITツールにはどのようなものがあるのでしょうか。以下、筆者が調べた範囲で分類整理して紹介します（2022年10月現在）。国内には、BIM・CADを除いても200を超える建設業向けITツールが提供されています。それらをメインの用途に分けて分類すると、「工事写真」「図面管理」「書類作成」「検査」「コストマネジメント」「工程管理」「BIMに関連する3Dツール」「工事会社支援」「EC・マーケットプレイス・カタログ」「プロジェクトマネジメント」「施工管理アプリ」「コミュニケーションツール」といった12カテゴリーに分けることができます。もちろんすべての建設業向けITツールが使われているわけでもないですし、業界において広く使われているものがあれば、全く日の目を見ないもあります。どんなものが何に活用されているのかを理解することで、建設テックの今後が分かってくるのではないでしょうか。

　以下では、カテゴリーごとに、詳しく見ていきたいと思います。

2-3-4 建設テックカテゴリー「工事写真」

　「工事写真」は工事現場における写真撮影および事務所での写真整理を簡単にするITツールです。工事現場では立場を問わずたくさんの方が膨大な写真を撮影します。これは、現場で施工されたことの証明であり、出来高を証明するために現地の内容が分かる情報

が常に求められるためです。

　例えば、建物全体を構造的に支える大事な要素として躯体があり
ます。躯体とは、建物が崩れないように、大きな鉄骨などで最初に
しっかり組み立てる骨組みのことです。この躯体、建物を仕上げて
いくうちに見えなくなってしまいます。躯体が見えてしまうとデザ
イン的に武骨なので外壁が取り付けられ、内装も同様に壁紙を貼っ
てきれいにします。躯体は建物全体の品質に重要な影響を与えるも
のの、最終的には全く見えなくなってしまうのでメンテナンスする
ことが難しく、そこで写真が非常に役立ちます。最終的には見えな
くなってしまう施工状態を、しっかり写真で記録しておくことで
後々何かあっても見返すことができます。

　工事を契約する際、どのような写真が必要かを盛り込むことがあ
ります。例えば、税金で建てる国や行政の建物に関しては、工事写
真の撮影の仕方や納品する写真の種類が決められ、品質記録として
重要な役割を果たしています。一方で、そうした工事写真に関する
業務は工数がかかり、技術者の悩みの種でもあります。何も考えず
に写真を撮るのであれば簡単ですが、施工記録としての写真になる
ため図面とにらめっこしながら必要な写真を考えて撮影する必要が
あります。加えて、日本では工事黒板と一緒に撮影することも多く、
撮影には意外と手間がかかります。工事黒板には、その時の工事情
報や、何を施工しているのかといった内容を書かなければならず、
柱の仕様が異なれば黒板に書く内容が柱ごとに異なるなど、面倒く
さい作業が発生します。

　撮影した写真は事務所に戻って整理します。納品時の書類に撮影

した写真が必要なので、きちんと整理しておかないと、書類作成時にどの写真なのか分からず混乱してしまいます。大きな現場になると、一棟建てるのに数十万枚を超える写真を撮るケースも珍しくありません。デジタルカメラがなかった時代は現像して管理していたので、工事現場に写真撮影専門員がいたぐらい大変だったそうです。そういった背景もあって、工事写真の分野はほかと比べてITツールの登場は早く、多くのサービスが提供されています。

スマートデバイスが登場する前は国や行政に納品するための特殊な形式に対応するITツールが多かったのですが、スマートデバイスの登場後は、工事現場における記録の効率化を目的にしたITツールが圧倒的に増えました。スマートデバイスには高画質なカメラ機能もあり、様々なアプリケーションも使うことができます。工事黒板もデジタル化され、写真に電子黒板を表示させて撮影したり、書類作成の際に電子黒板から情報を取り出して利用したりすることができるようになりました。かつては面倒だった工事写真の業務はどんどんと効率化されています。

2-3-5 建設テックカテゴリー「図面管理」

写真を使う業務がITツールでできるようになると、それに付随した情報のデジタル化も進んでいきます。それが「図面管理」です。「図面管理」の基本は、必要なすべての図面を現場に持ち運ぶことです。建設業ではスマートデバイスとともに普及してITツールの市場を大きく伸ばしてきた立て役者でもあります。単に図面を持ち運ぶだけならPDFなどにしてスマートデバイスで閲覧するだけでもよいと思いますが、図面管理ツールはさらに便利な機能が搭載されています。

　例えば、写真との組み合わせです。工事現場は出来上がった後の
建物と異なり、どの場所も似たような景色が広がっています。その
ため、写真だけではどこからどこを撮ったのか判別しづらく、その
悩みを解決するために、図面上の場所とひも付けて写真を管理する
ことができます。また、図面に注釈を入れたり、特定部分の面積を
計測したりもできるので、持ち運びを便利にするだけでなく、紙よ
りも図面を便利に使えるように発展しています。

2-3-6 建設テックカテゴリー「書類作成」

　図面と写真がデジタル化されたことで、それらのデータを基に
「書類作成」機能を提供するITツールが登場します。書類作成のIT
ツールは大きく2つに分けることができます。一つは、手書きの代
わりに現場で書類を効率良く作成するツールです。紙の書類より保
管に優れ、図面や写真の貼り付けや検索もできますが、どの業界で
も使える汎用的なITツールが多く、建設業独自の価値はあまりな
い印象です。

　書類作成のもう一つは、工事現場のデータを基に書類を自動作成
するツールです。例えば、現場では、撮影した写真をアルバム形式
にした写真台帳と呼ばれる書類があります。ここには写真はもちろ
んのこと、撮影した場所、黒板に書いてある情報、さらには撮影箇
所を図面で表した参考図が一緒に記載されています。工事現場を記
録するITツールでそれらを電子化し、そのデータを基に書類を自
動的に作成するのです。記録データから書類を作成するというの
は、単なる書類の電子化とは異なり、建設業特化の要素を作りやす
く、様々な書類を作成するツールが生まれました。

　例えばMCデータプラス社が提供している「グリーンサイト」は、労務安全書類と呼ばれる特定の書類に特化した書類作成ツールで、大手建設会社を中心に幅広く活用されています。グリーンサイトは、Procore社の「共同作業者」と似た「協力会社」という戦略で利用者を増やしています。労務安全書類は元請けと協力会社が一緒に作る必要があります。そのため、元請けはグリーンサイトに協力会社を招待するインセンティブが働き、協力会社もそれに従って活用することになります。ただ、Procore社の場合共同作業者はその後導入するかどうかは自由ですが、グリーンサイトは元請けから要請があった時点で導入が必須になります。いかにも日本的なところはあるものの、書類を介したコラボレーションによって広げていくツールは他産業でも多くあり、素晴らしいと思います。そもそも書類とは複数のデータを人間が見やすいように変換したものであり、今後も様々なITツールが生まれると思います。

2-3-7 建設テックカテゴリー「検査」

　写真や図面、書類などを使った業務の中で、比較的手間がかかるといわれている業務として建築物の検査があります。それゆえITツールで効率化したいといったニーズも高く、検査に特化した多くのツールが生まれています。工事現場において写真や図面を使うことが検査の一種と言えるかもしれませんが、ここでは明確に現場での出来上がりを計測し、図面通りにできているかどうかを特定の書類として残す検査業務のことを指しています。

　例えば、杭検査、配筋検査、内装検査などはメジャーな検査業務としてITツールを使いたいという明確なニーズが存在しています。

検査によっては扱うデータの範囲が広く写真や図面なども取り扱わないといけないため、他ツールと明確に区別できなくなることもありますが、検査業務に存在する課題を解決しようとすると独自の機能が多くなってきます。

　杭検査の場合だと、杭の進捗度合いに応じて記録していく必要があり、効率良く実施しようとすると同じ場所で連続した写真や工事黒板を使う必要が出てきます。通常の写真管理では同じ場所で何度も写真を撮影するといった業務はあまりないため、検査ツールだからこそできる利便性を追求することが可能です。

　工事写真と同じく建設業向けのツールとしては割と昔からあるカテゴリーです。特に配筋検査ツールに関しては、ガラケーの時代から商用リリースされているものがいくつもあり、需要の高さがうかがえます。

　一方で、検査は工事において一定期間しか実施しない業務であるため、使い方を覚えても次の工事で使うのは下手したら1年先ということも起こり得るため、現場組織からのニーズは強いものの、普及して定着させるのは意外と難しいカテゴリーです。そのため、近年では写真や図面などのツールの延長線上として検査に特化した機能を付けているものが多くなってきています。検査に特化した利便性を追求できることがツールとしての強みであるため、この辺りのバランスをうまく取った複合的なツールや、多面的に連携が可能なツールが業界では広まっていくのではないでしょうか。

2-3-8 建設テックカテゴリー「コストマネジメント」

　次に、「コストマネジメント」に関するITツールを見ていきましょう。コストと一言で表現しても、建築物は非常に巨大なこともあり、設計原価、積算原価、施工原価など、少し考えるだけでも多種多様な指標があります。戸建てなどの小規模建築ならエクセルなどの表計算ソフトで間に合う場合も多いですが、大規模になってくるとやはり専用のソフトウエアがあったほうが便利です。それ故に大規模建築用の見積もり、積算を中心に、原価計算をするツールが数多く出ています。ただし、施工中の管理や利益率の分析ツールなど、ほかの業界にはあるが建設業ではまだ提供されていないものもあります。また、現在もオンプレミス型で提供されているツールも多く、特に、建物の見積もりや積算はエクセルベースの製品が目立ちます。

　見積もりに関しては、多重下請け構造だからこその課題が多いです。例えば、建物を建てる施主が元請けであるゼネコンに見積書を依頼するとします。ゼネコンは建物すべての工事に責任を負っているものの、工事の細かい内容は1次協力会社に任せているケースがほとんどです。そのため、工事に関して細かい金額を出すとなると、1次協力会社に見積もりをお願いする必要があります。ゼネコンは1次協力会社の見積もりに自社の見積もりを加えて、しっかりと利益を確保した状態で施主に出します。こうしたことが多重下請け構造の各階層で行われているわけです。つまり、部材がどのくらい必要で、何人月かかるか、そして、その数量に単価をかけて見積もるという作業は、重複して実施されているのです。クラウドを使えば、データを一元管理して関係者がリアルタイムに確認できます。この

メリットはまだコストマネジメントの領域で実装されておらず、今後、こうした機能を提供するSaaSが増えてくると予想されます。

2-3-9 建設テックカテゴリー「工程管理」

　工程を管理するツールはコストマネジメントと比べるとまだ少ないものの、ニーズは高く、いくつかのサービスが登場しています。「工程管理」とは、いつ何をつくるかといった工事のより細かいスケジュールを管理する機能を提供します。戸建てやリフォームなど規模の小さい建築物では単純な工程になることが多く、開始と終了が一本の棒で表現されるバーチャート工程で十分で、ツールは主にエクセルなどの表計算ソフトを使うことが多いです。しかし、大規模建築になると、動く人も多く、緻密な計画と細やかな進捗管理が必要です。日本では昔から「ネットワーク工程」と呼ばれる手法がゼネコンなどを中心に使われてきました（世界の主流ではありません）。ネットワーク工程の詳細は省略しますが、緻密に計画数値を入れることも可能であり、クリティカルパスなどをはじめ、工程に関する様々な指標を管理できることから大規模建築においては広く普及しています。

　ネットワーク工程はいろいろなことができる一方で、使い方が複雑で、読み書きには一定のスキルが必要です。そこで、ネットワーク工程表を簡単に使えるツールがいくつか出ています。ただし、コストマネジメントツールと同様に、パソコンにインストールして使うタイプの製品が多く、クラウド・モバイルに最適化していないのが現状です。工程は様々な情報と連携してこそ、日々の意思決定に役立ちます。クラウドベースで簡単にネットワーク工程表を作成できるツールが求め

られており、今後この分野にSaaS型の登場が期待されます。

2-3-10 建設テックカテゴリー「BIMに関連する3Dツール」

次に、3D CADの一環であり設計プラットフォームとして使われているBIMについて説明します。BIMツールはAutodesk社のRevitをはじめ充実してきていますが、工事現場ではそこまで普及していないのが実態ではないかと思います。2021年に国土交通省が行った「建築分野におけるBIMの活用・普及状況の実態調査」を見ても、BIMを導入した工事現場はまだまだ少ない状況です。現状のBIMは、施工管理者より意匠設計者が注目している印象です。

なぜ工事現場で普及しないのでしょうか。その理由の一つは、工事現場で扱いづらいからだと思います。CADであればたいていPDF化できますので、ファイルを送って共有し、受け取った側はCADソフトがなくても閲覧できます。印刷することも容易です。BIMはこうはいきません。基本的にはPDF化できず、BIMソフトがないと閲覧すらできません。印刷することは可能ですが、3Dのため紙では全体像がつかみづらいのです。

こうした悩みを解決するために、BIMをスマートデバイスで持ち運べるようにするなど、工事現場で有効活用できるツールが多く出てきました。閲覧しかできないビューワー、付随した属性情報を閲覧・編集できるツール、高速でBIMを表示して注釈を入れられるツールなど、機能は様々です。

工事現場でBIMが普及するかどうかは、現場で容易に扱えるかど

うかにかかっていると思います。そのためには、3Dモデルを2次元に展開することが必要で、そうなれば、PDFや紙に加え、前述した図面管理ツールでも扱えるようになります。ポイントは、BIMツールで生成したBIMモデルを変換するサービスで、ここに一種のBIMのエコシステムが構築されると考えています。

BIMの共通フォーマットを目指して業界団体で開発されているIFC（Industry Foundation Classes）は、そうした取り組みの一つです。BIMはオブジェクト指向の考え方で作られ、形状自体に属性情報が含まれます。形状や属性情報は数字や文字情報の集まりで、BIMツールはそれを読み込み画面上に表現しています。その表現方法はBIMツールに依存しており、ツール間で互換性があったとしても、ツールによって見え方が異なり、せっかく登録した属性情報が抜け落ちてしまったりすることもあります。そのため、共通ファイルフォーマットを求める動きがあり、その代表がIFCというわけです。共通フォーマットがなければファイルの変換が必要で、ツールの組み合わせの数だけ開発する必要があり、コストも時間も多くかかってしまいます。

IFCに対するAutodesk社の動きは、CADの共通フォーマットであるdwgのときとは少し異なり、前向きに捉えている様子がうかがえます。BIMはCADよりもツール同士のコラボレーションが必要であり、エコシステムを構築することが大切であるということでしょう。それに近い活動として、Autodesk社は近年Forgeと呼ばれるPaaS（Platform as a Service）の開発に力を入れています。これは、ファイル変換やBIMモデルの表示などをはじめ、BIMアプリケーションの開発を簡単に行えるようにするためのツール群で

す。Forgeを使えば、BIMモデルを自社のアプリケーションに簡単に組み込んで使うことができます。BIMツールの開発には特別な技能が必要なのですが、Forgeが普及すれば、開発のハードルは大きく下がっていくと思います。

　BIMはグローバルに導入が進み、マーケットも盛り上がってきています。BIMツール自体もそうですが、BIMの周辺にニーズがあり、今後は3Dを組み合わせて課題解決するITツールがたくさん出てくると思われます。BIMを中心にエコシステムが形成されれば、ますます使いやすくなり、工事現場の課題解決の一助となってくれることを期待しています。

2-3-11 建設テックカテゴリー「工事会社支援」

　スマートデバイスによるITツール革命は大手ゼネコンが主導してきたこともあり、ゼネコン周りのツールが多くなるのは必然ですが、スマートデバイスはゼネコンに限らず広く普及しており、現場で直接ものづくりをする技能者（職人）もITツールを使うようになってきました。技能者が所属するのが工事会社なので、カテゴリーとしては「工事会社支援」となります。

　ここまで説明してきたツールとの違いは、利用者の規模です。個々の工事会社の規模は小さいので、単一企業での採用では収益が確保できず、多くの工事会社での利用が必要になります。そのために、ここまで説明したツールのように機能ごとに分かれるのではなく、様々な機能を備えていることが特徴です。実際、この分野のITツールを見ると、幅広く工事会社を支援する仕組みや機能が用

意されています。とはいえ、サービスとして使ってもらうには、何か一つ大きな強みが必要です。それがビジネスマッチングです。

ビジネスマッチングの草分け「建サク」

　建設業のビジネスマッチングにITを使った草分けは、2008年にリリースした「建サク」です。建サクは工事の施工業者を探している発注者と、仕事を探している建設会社のマッチングをインターネット上で行うことができるサービスです。これまで建設会社を探すにはツテを頼ったり電話をしたりと非常に手間がかかるものでした。そこで建サクでは、プラットフォーム上に建設会社を登録してもらい、発注者が建設会社に直接連絡できるようにしたほか、掲示板のように工事内容を掲げて建設会社を募集してマッチングを促す仕組みを開発したのです。建サクは2010年、1万3000人を超える登録があり、地域性のある建設業において47都道府県、それぞれの地域ゼネコンに運営を任せることでビジネスマッチングを推進しようと動いていました。

　順調に利用者が増えていた建サクですが、現在はサービスを停止しているように見受けられ、あまりうまくいっていないように見えます。理由として考えられる最も大きな要因は、謝礼のプライシングにあると思われます。一般的なビジネスマッチングは仕事の受発注総額の数％で、建サクの場合、受発注が成立した両者から工事代金の1％をもらう方式で、実質工事金額の2％がサービス提供者に支払われることになります。通常のビジネスであれば2％はさほど大きくないのですが、建設工事はそもそも金額が大きいのに加えて、利益率が数％ということもあるので、2％も引かれてしまうとそもそも工事自体が難しくなることがあります。他業界のマッチングと

同じ仕組みでスケールさせるのは難しかったのではないかと思われます。

　また、建サクで一度マッチングが成立すれば、その後は建サクを通さずに直接発注するケースが多かったのだと思います。建設業の発注者と受注者の「つなぎ」にはいくつもの種類があります。例えば、施主と元請けになる建設業、元請けと協力会社、１次請けと２次請けなど、多種多様です。建サクのメインは１次請けと２次請けといった建設業と建設業のマッチングです。このマッチングで１次請けが気にすることは「信頼できるのか」「スキルは有しているのか」であり、一度マッチングが成立して実績が生まれれば「信頼できるしスキルもある２次請け」と認識され、次からは建サクを通さずに直接発注になったのだと思います。結局のところ、マッチングだけだと持続的に使ってもらうのが難しいのではないかと予想できます。

技能者データベース

　スマートデバイスの普及により、ビジネスマッチングの利用は格段にハードルが下がりました。新しいサービスがたくさん登場していますが、謝礼は工事代金を基準にしているところはあまりなく、マッチング自体は無料、もしくはやりとりできる数を絞り、一定以上使う際に有料にするサービスです。サービスの形態としてはサブスクリプション型が多い印象です。そうなると、多くの技能者を集める必要が出てきます。逆説的な言い方になりますが、技能者を集めることができれば、建設業の技能者の最適配置ができ、建設業が抱える人手不足問題の対処策として有益です。なにより、工事会社支援の建設テックサービスへと発展できる可能性が高まります。

　マッチングとは異なりますが、国土交通省が総力を挙げて取り組んでいる施策にCCUS（建設キャリアアップシステム）があります。これは、技能者一人ひとりの就業実績や資格をデータベースとして登録し、技能の公正な評価や工事の品質向上、現場作業の効率化などにつなげるシステムです。2022年8月時点で100万人近くの登録を見込んでおり、恐らく国内最大級の技能者データベースとなっています。これは国のサービスですので、ここからどのように発展させるのか分かりませんが、技能者のデータを集めていることから、上記と同様に工事会社支援の建設テックサービスへと発展する可能性を秘めています。マッチングを中心とした工事会社支援はポテンシャルが大きく、建設テックの中でも楽しみな領域の一つです。

2-3-12 建設テックカテゴリー「EC・マーケットプレイス・カタログ」

　建築を構成する部品があるとしたら、どのような区切りになるでしょうか。建設業は製造業と異なって、現場で部品を作ることが多くあります。素材が決まっていれば現場で加工し、費用は作業員の人工（にんく）と合算してメートルや平方メートル当たりの金額で算出されます。細かい部品の計算に製造業ほど頭を悩ませる必要はありませんが、建築を構成する部品は膨大にあるので、材料である建材を選定して管理するのは非常に煩雑かつ多岐にわたります。これらの効率化を目指したITツールが出てきました。それらをまとめて、本書では「EC・マーケットプレイス・カタログ」と表現しています。

　このカテゴリーのITツールに共通するのは、膨大にある建材や間接材の情報を収集して閲覧・検索できるようにしている点です。

ツール自体は「設計者向け」「施工者向け」「メーカー向け」などに分かれています。例えば設計者は、建物を設計する際のクロス（壁紙）などの仕上げ材をどうするか、など、意匠に関する様々な判断をしないといけません。質感なども大事になってくるため、カタログを基にサンプルを取り寄せて確認しながら進めるといった作業が必要となります。ITツールはこうした作業を支援する機能を提供しています。

例えば、建材などのデジタルコンテンツ・プラットフォーム「BIMobject」があります。このプラットフォームでは、世界中の建材を3D化し、主に設計者に提供しています。かつてサンプル品が付属している紙のカタログが中心だった業界に、デジタルのカタログ兼EC・マーケットプレイスの切り口で、業界の非効率を解消しようとしています。

施工者向けにはどのようなものがあるでしょうか。設計と異なり施工の場合は、間接材やレンタル機器の受発注が中心になると思われます。というのも、設計の時点で何を作るかは決まっており、建材についての選定の自由度は少ないからです。そのため施工者向けのツールは、選定するというよりは、受発注やそれに付随する見積もり・契約などの面倒さを解消するツールが目立ちます。

工事現場における受発注は電話が中心ですので、「言った・言わない」問題が起きています。国内・建機レンタル大手のアクティオ社は、2020年よりWebで注文できるサービスを展開し、スマートフォンからも発注できるようにしています。この分野も非常に便利になっていくのではないかと思われます。一方で、電話のハンドリ

ングの良さは継続してあるため、いかに電話の利便性を超えられるか、もしくはITツールを使うことによる付加価値がどこにあるのかといったことが重要になってくるでしょう。

　このカテゴリーのサービスは、まず、必要な情報を集めてデータベースを構築することから始まります。これはなかなか大変だと思いますが、集めることができれば、ECやマーケットプレイスとしての付加価値を付け、手数料や利用料を取ることができます。ビジネスモデルの設計はほかのツールと比較すると難度が高く、多額の先行投資も必要になってくる分野だと思いますが、やり切ることができればポテンシャルは非常に高いと思います。

　この分野には2022年、米国のMaterial Bank社が国内に進出しています。Material Bank社は2019年設立の新しい会社で、建材のサンプル品を届けるためのロジスティクス施設をはじめとした仕組みを持ち、設計者の要望に対してスピーディーに対応できる体制を構築しています。ベンチャーキャピタルを中心に1億米ドル以上の資金調達を受けており、グローバル展開を進めるなど事業拡大に積極的です。日本でのサービスがどのようになるかは分かりませんが、日本勢も負けないようにぜひ頑張ってほしいと思います。

2-3-13 建設テックカテゴリー「プロジェクトマネジメント」

　ここまで紹介したツールは単機能として存在しているものもあれば、複数の機能を横断的に提供しているツールもあります。例えば、2016年に米国で設立したStructionSite社は、3Dツール、写真管理、書類管理などを組み合わせて提供しています。このツールを使え

ば、建設業では規模が大きくなるほどデータの関係性は広く複雑になるので、撮影した写真は複数の書類で使ったり、分かりやすくするため3D上の場所とひも付けたり、3Dと写真をセットでまとめて書類にしたりといったことができて便利になります。

　ただ、建設業はたいていプロジェクト型で、参画する会社や人が多く、データのリアルタイム共有性も求められます。ここまで紹介したITツールは個々の業務を効率化できますが、プロジェクト全体で見て生産性向上を図る機能はなく、それを狙ったプロジェクトマネジメントツールが登場しています。複数業務にまたがる様々なデータをマネジメントできる機能が基本ですが、ツールによってはここまで紹介した多くの機能を包含して提供するツールもあります。

　海外の建設テック企業のサービスとして紹介した「PlanGrid」と「PROCORE」が代表例として挙げられます。PlanGridは、図面に関する業務フローの効率化を中心に考えられたツールで、バージョン管理機能や設計者同士のすり合わせのためのコラボレーション機能などを備えています。PROCOREは、施工はもちろん着工前から維持管理まで幅広い範囲をカバーします。多くの個別業務の支援機能が備わり、それらを単体で使えるようにしつつ、シームレスなデータ連携を可能としています。

　多くの機能が備わっているなら、個別のツールを組み合わせず、プロジェクトマネジメントツールで全部賄えばいいように思いますが、もちろんデメリットはあります。使う側からすると、機能が多くなり学習コストが高いのに加え、会社の課題や規模によってはすべての機能がマッチするわけではありません。単一業務に絞って提

供しているサービスのほうが機能を深掘りしているので使いやすく、プロジェクトマネジメントツールに備わるツールでは使い勝手や機能面で物足りなさを感じることもあります。また、データ中心に設計されているからか、汎用的な使い方ができる一方でどのように使ったらよいかを定義する必要があります。サービス提供側が使い方の提案をしてくれるケースもありますが、思ってもいない使い方ができてしまうため、環境を整える側としては単機能を組み合わせて使うほうが便利になることもあります。

　建設業に特化したサービスではありませんが、米国サンフランシスコに本社を置くAsana社は、ワークフローをマネジメントするプラットフォームサービスを提供しています。汎用的なガントチャートやタスクリストなどが利用でき、ワークフローで発生するデータもしくはイベントを効率的に管理する機能が用意されています。同社のサービスサイトには、テンプレートギャラリーと題してひな型を自動作成できるフォーマットが豊富に用意されています。これはプロジェクトマネジメントツールとして使うことが可能だと思います。プロジェクトマネジメントツールは立場の違う人が複数同時に使うため、機能は汎用的なものを提供しつつ使い方はその人にあったようにカスタマイズできる柔軟さが必要です。

　後ほど詳しく触れる建設プラットフォームを実現するうえで、データを取り扱うことにたけたプロジェクトマネジメントの思想は必要不可欠です。私が経営しているフォトラクション社が提供する建設支援クラウドPhotoruction（フォトラクション）も、特定の業務フローに特化することなくデータをどのように扱うのかといった視点で開発を進めてきました（**図表2-3**）。主な利用者はゼネコンで

写真

図面

工程

タスク

書類

検査

BIM

リソース

図表2-3

すが、デベロッパー、工務店、マンション管理など、様々な職種で
ご利用いただいています。プロジェクトマネジメントのサービス開
発は多岐にわたり難度も高いため、他分野と比較すると提供してい
る会社の数は比較的少ない印象はありますが、今後はニーズに合わ
せて増えてくるのではないかと予想しています。

2-3-14 建設テックカテゴリー 「施工管理アプリ」「コミュニケーションツール」

　最後に紹介するのは、施工管理アプリとコミュニケーションツー
ルです。それぞれ共通した部分があるので一緒に紹介します。ちな
みに、施工管理を英語で書くとConstruction Managementであり、
プロジェクトマネジメントと少し近いところがあるように思えます
（Project Managementとしている企業もたくさんあります）。また、

写真や図面などのITツールを使った品質管理や、コストマネジメントツールを使った原価管理なども施工管理の仕事です。そのため施工管理アプリと書くと、プロジェクトマネジメントツールと同じなのではないかと思うかもしれません。本書では施工管理アプリを施工管理の業務として存在する他社とのコミュニケーションや調整ごとを円滑に進めるツールと定義しています。

　例えば工事現場では、複数の会社の関係者の間で、様々なすり合わせが行われます。ただ、戸建てやリフォームなどの小規模現場では、現場監督が複数のプロジェクトを掛け持ちするケースが多く、現場に常駐しているわけではありません。そのため、施工管理者は現場に来ると、まず技能者に状況を聞きます。「特に問題はないか」「施主が来る日はいつになりそうか」「今日の作業はどこまで進んだのか」など、確認することだけでも山ほどあります。これに対して、チャットや日報、カレンダーなどの機能を提供し、コミュニケーションを円滑にする機能を提供します。これまではFAXや電話を使っていたので「言った・言わない」などの問題が起きていましたが、履歴が残るコミュニケーションツールならそうした問題は起きません。

　職人が使うためシンプルな機能のほうが受け入れられやすいこともあり、建設テックサービスとしては参入しやすいカテゴリーになります。また、工務店は小規模なプロジェクトを多数抱え、全く同じ協力会社と連携して動くケースが多々あります。そのため、元請けが施工管理アプリを導入すると、協力会社も一緒に使用することになり、利用者が増えやすい傾向があります。

　最近では、LIXIL、パナソニック、オープンハウスなど、工事事業

者を多く抱えた大企業の参入が目立ちます。これらの企業は、自社で開発したアプリケーションを外販するものの、自社の工事ネットワークを用いて連携することでプロジェクト全体を効率化しつつ、アプリケーションの利用費用による売り上げと工事データの蓄積により、住環境のさらなるアップデートを目指すという取り組みをしています。ゼネコンと異なり、建物の施主は個人のことが多く、獲得したデータは最終的に一般消費者に還元されると考えると、大企業が施工管理アプリを出すことは非常に理にかなった戦略とも言えます。

　今後は、乱立する施工管理アプリをどのようにまとめていくかが課題となると思います。なぜなら、元請けは一つのアプリケーションでよいものの、協力会社は元請けに合わせて複数のアプリを使う必要があるからです。これはメッセージングアプリと同様、共同利用するツールでは仕方のない点かもしれませんが、複数のアプリをうまく一つで使える状況になると利便性が高まります。なによりもデータ活用の視点において有益です。とはいえ、メッセージングアプリと違い、元請けが複数導入するものでもないと考えるとBIMのIFCのように共通プラットフォームのようなものを協力して作るとは考えにくく、統合アプリケーションの構築のためには何かしら工夫する必要があると思われます。

2-3-15 IT ツール革命の今後

　日本情報システム・ユーザー協会の「企業IT動向調査報告書2020」によると、建設業のIT投資額は2017年から2020年にかけて3倍近くになっています。そのすべてがITツールとは思えませんが、ITツールの導入は増えているのは間違いないと思います。

　今後どうなるかと考えた時、まだまだITツール市場は大きくなると思います。なぜなら、建設業の仕事は多岐にわたり、それぞれの仕事で様々な課題が山積しているからです。建設業の場合は専門分化が進んでおり、専門性で分けると、「ゼネコン（大規模な建築・土木の総合請負）」「内装工事」「設備」「意匠設計」「FM（Facility Management）」「戸建て住宅」「リフォーム」「学校・文化施設」「工場」「プラント」「通信建設」「店舗」「道路」「鉄道」「水道」「河川」「発電用土木」などとなります。これら一つひとつに特化した建材（材料）や人材がいます。

　工事の職種を見ても「土木一式・電気・板金・電機通信・建築一式・管・ガラス・造園・大工・タイル・れんが・ブロック・塗装・さく井・左官・鋼構造物・防水・建具・とび・土工・コンクリート・鉄筋・内装仕上げ・水道施設・石・舗装・機械器具設置・消防施設・屋根・しゅんせつ・熱絶縁・清掃施設」があり、これでもまだ一部です。極め付きは、建物のバリューチェーンは製造業と異なり、1社がワンストップで行わず、それぞれでプレーヤーが交代するとい

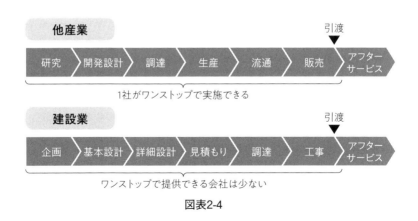

図表2-4

う特徴があります（**図表2-4**）。

　これだけ重厚長大な産業だと、課題はたくさんあります。ITツールは課題を解決するためのものであるため、今後、課題の数だけITツールは増えていくことでしょう。その中でも直近は、「クラウド最適化」「リソースマネジメント」「カーボンニュートラル」の3つがキーワードとして盛り上がっていくことが予想されます。

　まずは「クラウド最適化」です。ここまで網羅的にITツールの分野を紹介しましたが、すべてがSaaS型になっておらず、現在オンプレミス型のソフトは今後、クラウドに最適化したSaaSになっていくことが考えられます。オンプレミスをSaaSに変えても、単にサービス形態の違いだから大した違いはないように思うかもしれませんが、実はそうではありません。SaaSはクラウドにデータが集められます。オンプレミスとの違いはWebブラウザーだけあれば利用できることのほか、この集まったデータの存在にあります。次節で述べますが、蓄積しているデータが「建設プラットフォーム」という新しい流れを生み出しているのです。

　そもそも、ITツールの機能自体が競争優位でいられるのはリリースから数年といった短い期間です。機能はすぐにまねされてしまうからです。しかし、蓄積したデータは宝になります。大量のデータから新たなサービスが生まれることもありますし、現場の実データを分析することで様々な予測が可能になります。それは「リソースマネジメント」を可能にします。

　「リソースマネジメント」は、工事現場における建機や建材、人

材などのリソースを管理することです。一部は既に提供している
サービスはあるものの、プロジェクトマネジメントツールのように
複数を掛け合わせてトータルで管理できるツールはまだこれからだ
と思います。工事現場は、どこに何がどのぐらいあるかといった基
本的なリソース管理が実は非常に難しく、それらの受発注の課題も
非常に大きいです。現場では間接材やレンタル機器の発注が中心で
すが、現状の把握が難しいことから、どのぐらい発注すればよいの
か予測するのが難しいのです。

　工事現場は他産業と比べて現場におけるリソースの滞留が多いと
予測され、これをうまくマネジメントすることで大きく生産性の向
上とコスト削減を見込むことができます。ちなみに、トヨタ自動車
の「ジャスト・イン・タイム」生産性システムを建設業で応用する
といった話もありますが、その方式は、建設業と異なりサプライヤー
とバイヤーともに同じグループ会社だからこそ成り立つと私は考え
ています。建設業の場合はバイヤーとサプライヤーは他社同士であ
ることと、サプライヤーからしたらバイヤーである建設会社が多少
どんぶり勘定のほうが売り上げは増えます。問屋などが挟んでいる
ケースが多く、そう簡単ではありません。

　建設業にこれから大きく関係するテーマに「SDGs」や「カーボ
ンニュートラル」があります。SDGsは、2015年に国連総会で採択
された、持続可能な開発のための17の国際目標です。建設業でも
SDGs関連の動きは非常に活発で、2020年4月に日本建設業連合会
はSDGs対応推進特別委員会を設置したほか、2022年には土木工事
技術委員会環境技術部会が自主研究の成果として、「建設業におけ
るSDGsアクションプランに向けて」を取りまとめています。SDGs

にもつながり、ITツールのテーマとして注目されるのが「カーボンニュートラル」です。これは、温室効果ガスの排出量と吸収量を均衡させることを意味しています。建築物がCO_2排出に与える影響は当然ながらとてつもなく大きいため、建設業においても適切にこれらを把握していく必要が出てきています。特に投資家はESGスコアをはじめ、単に利益を上げるだけではなく、どのように社会貢献するかを気にし出しています。そのためカーボンニュートラルなど持続可能な社会づくりに取り組まない企業は投資が集まりにくく、特に上場している建設業は否が応でもこの課題に取り組む必要が出てきています。

　CO_2の排出量については、自社が出すCO_2だけではなく、協力会社なども含めて建築物のサプライチェーン全体での排出量を測る必要があります。ここにITサービスの可能性があります。国内では大手SIerを中心としたコンサル型のCO_2削減サービスが中心ですが、米国ではSaaSを活用したモデルが数多く出てきています。国内建設業も取り組んでいますが、業界特有の課題もあってなかなかうまくいっていないようです。例えば、あるゼネコンでは協力会社からの自己申告でトラックの走行量を基にCO_2を計測しているのですが、そのやりとりも含めて手間が大きいのが課題だそうです。建設業向けのCO_2計測ツールは、ニッチではあるものの、確実に出てくるジャンルだと思います。

　建設テックに関連するサービスが増え、活用が進むほど市場はさらに盛り上がっていきます。今後、誰も気づかなかったような課題をスマートに解決するITツールがたくさん出てくることを楽しみにしたいと思います。

まとめ

(1) 建設テックサービスが数多く生まれてきた背景には、産業における生産性向上に対する喫緊の課題感がある。それに加えてスマートデバイスの普及が大きい。現場でパソコンを使うのは大変であったもののiPadなど持ち運びしやすい端末が普及したことにより、一気に工事現場における利用が広まっていった。

(2) 建設テックで先行したのは米国で、特にPROCOREとPlanGridという2つのサービスは有名であり、どちらも建設テックの市場を切り開いた先駆けである。

(3) 日本ではスマートデバイスの普及により様々なITツールが生まれている。大きく「工事写真」「図面管理」「書類作成」「検査」「コストマネジメント」「工程管理」「BIMに関連する3Dツール」「工事会社支援」「EC・マーケットプレイス・カタログ」「プロジェクトマネジメント」「施工管理アプリ」「コミュニケーションツール」といった12カテゴリーに分けることができる。

(4) 今後のITツールのキーワードには、「クラウド最適化」「リソースマネジメント」「カーボンニュートラル」の3つがある。

2-4 建設プラットフォームの時代

2-4-1 ツールからプラットフォームへ

　スマートデバイスとセットでSaaS型のITツールが広がっていく中で、大手建設会社を中心に生産データの蓄積と活用といった新たなニーズが生まれています。これはCADからBIMへ変化した動きと酷似しています。CADで描く図面は単なる線の集合体でしたが、BIMは2Dが3Dになっただけではなく、情報を付加することができるようになりました。それにより、形状情報だけではなく様々なデータを取り扱えるようになったのです。しかも、取り扱うデータは設計データに限りません。建築物のバリューチェーンすべてに関わる様々なデータを取得可能で、それにより、従来はできなかったことをデータベースの力で可能にするといった動きです。

　工事現場で使われるITツールは有益であり、現場で使われるほどデータが蓄積します。これまでもパソコンの中に入っていたじゃないかと思うかもしれませんが、SaaSのようなクラウドに蓄積したデータとパソコンに入ったファイルとでは大きな違いがあります。それは単なるデータなのか、「データベース」のような集合体として活用できる状態なのかどうかといったことです。

　「データベース」という言葉は一般用語として広まり過ぎてしまったため、それは何かと問われると上手に答えられない方もいる

でしょう。Google 検索をすると、データベースとは「構造化した情報またはデータの組織的な集合」と出てきます。つまり、「構造化もしくは組織化されたデータの集まりかどうか」が、データベースか、単なるデータかを分けることになります。

　工事現場の写真で説明します。施工管理者は、とにかく工事現場で写真をよく撮影します。写真は、写真台帳と業界では呼ばれている書類にして最後は保管したり、施主や関係者に提出したりします。写真管理ツールを使わない場合、写真はデジタルカメラで撮影した画像ファイルとして保管し、写っている工事黒板の内容と画像ファイルの名前をエクセルなどで管理するでしょう。この時、パソコンには確かにデータとしての画像ファイルとエクセルファイルは存在しますが、これはデータベースではありません。

　パソコンに保存された画像ファイルは、どの工事のいつの時点のどこを写したものか、もっといえば写真データなのかどうかすら、すぐには分かりません。画像ファイルをビューワーで見れば写真であることは想像できますが、写真の中に写っている工事黒板は画像ファイルのピクセルについている色として表現されているだけなので、書いてある内容はもちろん、それが黒板だということは正確には分かりません。写真台帳も中にはいろいろなことが記載されていますが、それは何の情報かは分からないのです。

　データベースであれば、個々の画像データはどの工事のいつの時点のどこを写したものか、工事黒板に記載している情報は何か、写真台帳には何の情報が記載されているのか、といった情報と共に管理され、そうした情報が構造化（または組織化）されています。こ

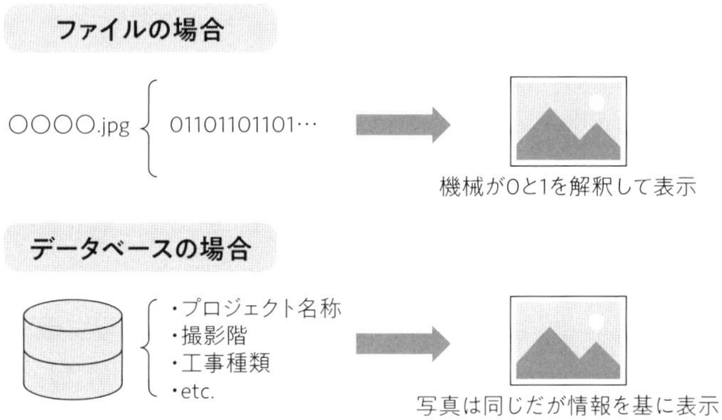

ファイルの場合

○○○○.jpg ｛ 01101101101…

機械が0と1を解釈して表示

データベースの場合

・プロジェクト名称
・撮影階
・工事種類
・etc.

写真は同じだが情報を基に表示

図表2-5

れが、パソコンのファイルとしてのデータと、SaaSに蓄積したデータとの大きな違いです（**図表2-5**）。

　データではなくデータベースによって、工事現場で今までできなかったことが可能になりますが、その根底にあるデータベース・テクノロジーを先に紹介します。そうしたほうがイメージしやすいと思います。

RDBMS

　データベースには実はいろいろな種類があり、ここで注目するのは「RDBMS」（Relational Database Management System：リレーショナルデータベース）です。RDBMSは、相互に関連するデータポイントを格納し、それらのデータポイントへのアクセスを提供しているソフトウエアです。言葉で書くと説明が難しいのですが、要するにデータ同士を関連づけて参照し合うことができるもの、と考えてください。例えば写真管理ツールであれば、写真に対して直接

的に属性情報といったデータとして持たせてしまうと、属性情報を増やしたりそれ自体を編集したりするのが非常に手間となります。「コンクリート工事」といった属性情報を写真に持たせた後に「コンクリート工事」を「コンクリート」に変更したい場合、すべての写真データを変更する必要が出てきます。RDBMSを使えば、写真のデータからコンクリート工事という属性情報を参照することができるため、複数の写真をひも付づけることができ、属性情報のテータを変えれば写真からの参照先データが変わるため、たった一つ変えれば全部変わるといった利点があります。

　大容量のデータを扱う場合、RDBMSは必要不可欠な存在で、ITツールでは当たり前のように使っているテクノロジーです。2000年代以降に開発したITツールなら必ずといっていいほどRDBMSを使っていると思います。大事なのはRDBMSを使うことではなく、正しくデータベースが設計されていることです。先ほどの写真の例でも、属性情報を参照先のデータベースとして構築していなければ、当然、期待した動きにはなりません。私自身、建設業向けのサービスを数多く作ってきましたが、膨大な産業データをスケーラブルな仕組みで開発していくには、データベース設計こそ最もクリエーティブであり大事な工程だと思っています。RDBMSを使うのはITツールとしては当たり前ですが、ただ使うのではなく、建設業に沿った設計になっていることが大事だと覚えておいていただければ大丈夫かと思います。

API

　データベースに加えて紹介したいのが「API」です。これは、アプリケーション・プログラミング・インターフェースの略で、ア

プリケーションがほかのアプリケーションやシステムと会話する共通言語のようなものだと思っていただければよいと思います。ちなみにIT用語として「アプリケーション」「ソフトウエア」「サービス」といろいろな言葉が出てきますが、この3つは実は同じです。ソフトウエアはコンピューター上で動作する実体（プログラムの集合）であり、サービスはソフトウエアを利用することを意味し、アプリケーションは「アプリケーションソフトウエア」の略です。文脈に合わせて使い分けていますが、実体はどれも同じソフトウエアです。

　SaaSのようなクラウドサービスは、人間がプログラミングという行為をして作っています。少し古いかもしれないですが、黒い画面に緑の大量の文字を書いていく、そんな作業がプログラミングのイメージです。この大量の文字はプログラミング言語と呼ばれており、様々な言葉があります。日本語、英語、中国語みたいなものだと思ってもらえれば大丈夫です。実はこのプログラミングという行為は機械語を人間が読めるようにしたものです。機械語とはコンピューターが唯一読める言語であり、数字の列で表現されています。これを人間が読めるプログラミング言語に変換することで、人間は機械に指示することが容易にできるようになりました。

　サービスを利用していて、「あのサービスと連携できたら便利なのに」と思うことがあるでしょう。そうしたニーズに応えるのがAPIです。例えば、写真管理ツールで撮影したデータをほかの図面管理ツールでも使いたいといったニーズです。SaaSなら写真データはクラウドにあるためダウンロードして図面管理ツールにアップロードするという操作が必要ですが、もし図面管理ツールにAPIが

あれば写真管理ツールから直接送ることが可能です。同様に図面管理ツールはAPIを公開していることで、ほかのシステムと接続して価値を向上させることが可能となります。

ITツールの活用でデータベース構築

　RDBMSにデータが蓄えられ、それをAPIで活用することによって、可能性は大きく広がっていきます。例えば、検査ツールを用いて工事現場で検査をする際、1階のリビングの平面図が必要になったとします。従来は、格納したフォルダーを思い出してリビングの図面を探さないといけません。データベースとして構造的に保管されていれば、リレーションをたどって1発で必要なデータにたどり着くことができます。また、検査結果もデータベースに格納しておけば、検査結果を集計して分析することも可能になります。「RC造かつスラブの鉄筋でどのぐらいの手戻りがあったか」を調べようとすると、紙での管理ではなかなか難しかったと思いますが、データベースを使うと可能なのです。

　データベースにデータを蓄積する必要がありますが、それは手で入れるのではなく、ITツールの裏側で自動的に入力されます。つまり、ITツールは業務を効率化するために使うだけでなく、データベースを構築するために使うという見方ができます。多くの工事で、広範囲の業務にITツールを使うほどデータベースは充実します。そしてデータベースが充実すればするほど、建設テックとしての可能性が広がり、建設業の競争優位性を高めるほどのインパクトがあると考えています。このデータベースは建設生産の基盤となることから、「建設プラットフォーム」と呼んでいます（**図表2-6**）。

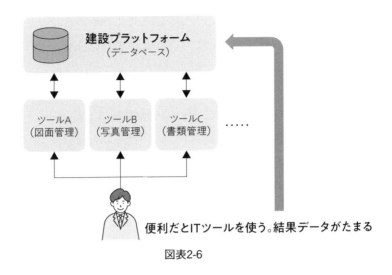

図表2-6

2-4-2 建設プラットフォームとは何か

　プラットフォームという言葉はテクノロジーの世界では既に広く使われている言葉です。尾原和啓氏の『ザ・プラットフォーム IT企業はなぜ世界を変えるのか？』（2015年、NHK出版）ではプラットフォームという言葉を次のように定義しています。

　　個人や企業などのプレーヤーが参加することで初めて価値を持ち、また参加者が増えれば増えるほど価値が増幅する、主にIT企業が展開するインターネットサービスを指します。少し専門的に言い換えれば、ある財やサービスの利用者が増加すると、その利便性や効用が増加する「ネットワーク外部性」がはたらくインターネットサービスを指します。

　建設業に特化したプラットフォームは、ここに書いてある「参加者」が「データとプロセス」に置き換わったものになると考えています。建設会社がプラットフォーム上で行うことはあくまでも建設

の生産行為だからです（「プロセス」については、後ほど解説します）。

建設業向けプラットフォーム 3 つの要件

　建設業向けのプラットフォームとはどういったものでしょうか。まずは建設プラットフォームに必要となる 3 つの要件を確認します。

（1）業務に関連したデータをデータベースとして扱うことができる
（2）必要なデータを任意のタイミングでセキュアに出し入れできる
（3）構成する要素は互いに疎結合であり自由に取り外しができる

　これらを実現するには、多機能多品種ながら、活用自由度の高いアーキテクチャーを持ったレゴブロックのようなソフトウエアが必要です。というのも、建設業は業務のセグメントが幅広く、プラットフォームといえど、一つのサービスですべてをカバーすることは難しいからです。また、業務セグメントごとに異なる要件になることも多く、深掘りしようと思えばいくらでも突き詰めることができ、それぞれに特化したITツールは必要になります。

　建設プラットフォームに必要となる 3 つの要件を順に確認します。通常のソフトウエアでは、業務フローから考えて、どのように業務で便利に活用し効率を上げるかといった視点で設計されるはずです。一方で建設プラットフォームに必要となるのは、生産データをどのような単位で持たせるかといったことになります。

(1) 業務に関連したデータをデータベースとして扱うことができる

　ここでは図面を例に説明します。まずデータをデータベースとして扱うことができるといった要素ですが、これは図面に関連するデータをできる限り構造的に扱えるようにしておく必要があります。例えば、最もプリミティブなデータベースは図面をファイル単位で取り扱うことです。これだと、例えば2階の図面をデータベースから取り出したいとなっても、データベースは「階」という情報を持っていないため不可能です。データベース上にはファイル名称や作成者、更新日などの図面自体にひも付く情報は付加できるものの、図面の中身に関してはこれだけだと不十分です。そのため最初の構造化として、階単位に分割してデータベースに格納します。こうすることで階単位でも情報を付加することが可能となり、2階の図面もデータさえ入っていれば瞬時に取り出すことができます（この「入っていれば」というのが一番難しいのですが）。

　さらに構造化を進めると、階にどんな情報をもたせるかを考える必要が出てきます。例えば「○○プロジェクトの2階のトイレ」といった情報に瞬時にたどり着くには、図面に書かれているトイレの場所を、「同じ建具を使っている現場はどこか」など建具のスペックなども含めてデータベースに持たせる必要があります。ここまでいくと、誰がその情報を図面から拾ってデータ入力するのかという課題もセットで出てきますが、それでもデータベースとしての整備がなければ何も始まりません。

　大事なのはいきなり完璧なデータベースを作ることに固執するのではなく、今後の拡張性を考えたうえで設計するということです。データベースは一度作るとやり直しには大きな手間が発生します。

そのため、今後追加されるであろう情報を見越して、細かいデータベースの項目というよりかは、どのように構造化していくのかをしっかり考えておくことが大切だと思います。

(2) 必要なデータを任意のタイミングでセキュアに出し入れできる

　データベースができた後は、必要なデータを任意のタイミングでセキュアに出し入れできる環境をつくることです。もちろんAPIを使っていくのですが、面倒なのは「必要な」というものが各役割によって異なることです。図面のデータベースを使って図面管理のプラットフォームを作るとします。図面というデータは様々な場面で使われますが、既に使っている写真管理ツールがプラットフォームで管理している図面を使いたい場合は、単にデータベースの情報を送るだけではなく必要なデータに変換してあげる必要があります。データベースは素のままだと単なる文字の集まりにすぎません。それに意味づけするのはプラットフォームの役割とも言えます。

　データベースにdwgファイル（CADファイル）が格納されていて、写真管理ツールから「2階の図面をPDFで欲しい」とリクエストされたら、データベースのdwgをPDFに変換してあげる必要があります。また、「現場名一覧が欲しい」とリクエストされたら、データベースにある図面の現場名を集計して一覧にして送ってあげる必要があります。このように、単にデータベースの項目を出し入れするわけではなく、欲しい側の要望に合わせてAPIが作られている必要があるのです。

　なお、プラットフォーム側は、データベースの出し入れに関する

要望を聞く必要はありますが、取り出した後のデータに関する要望を聞く必要はありません。違いが分かりにくいかもしれませんが、「○○プロジェクトで撮影した写真の位置を図面上にプロットして表示したいので、位置情報を送るからプロットした図面をPDFで欲しい」といったことです。これは写真管理ツール側で実装すべきことであり、プラットフォーム側は「○○プロジェクトの図面をPDFでください」というリクエストに応えればいいのです。ツール側の要望を聞いてしまうと、プラットフォームにどんどん機能が増えるばかりでなく、せっかくきれいに構造化したはずのデータベースが、機能を実現するために余分なデータが増えて肥大化していくといったこともあるので注意が必要です。

(3) 構成する要素は互いに疎結合であり自由に取り外しができる

　次に、プラットフォーム最後の要素である「構成する要素は互いに疎結合であり自由に取り外しができる」を見ていきます。これは、データを効率的に蓄積するために必要となります。データベースとAPIの環境を構築しただけではプラットフォームとして機能しません。あくまでも環境ができただけであり、工事現場で活用しているデータが実際に集まり、データベースが充実したときに初めてプラットフォームとして機能します。図面のデータベースがあるだけでは使い道がなく、実際の図面がそこに集まって初めて意味を成すのです。

　そして図面が集まれば集まるほど、プラットフォームとしての価値は増大していくのです。どうしたら図面が集まってくるのかを考える必要がありますが、答えは割とシンプルで、使う人にとって図面をそこに置くことが便利であればよいのです。シンプルですが実

務でプラットフォームを作るとなると、ここが一番頭を悩ませるところであり、工事現場の人たちが図面を紙ではなくデータベースとして入力することで便利だと思ってもらうツールや機能を提供するのです。それは簡単なことではありません。

　だからこそ、うまくいかなかったらリプレースするし、軌道修正のためのアップデートを繰り返していく必要があります。そのとき、各機能同士が密結合になっていると、ほかの要素も変えないといけないため大ごとになってきます。それぞれの要素がお互い干渉しなければ、リプレースしたりアップデートしたりする部分だけの変更で対応できます。図面であれば図面管理ツールがうまくいかないのであれば、そこだけ入れ替えればよいというイメージです。これらがうまく機能することによってデータが蓄積されていきます。

建設プラットフォームの「プロセス」

　建設プラットフォームは「データ」と「プロセス」が増えることで価値が増大すると説明しました。実は建設業におけるプラットフォームは、データが蓄積すること自体にさほど価値はありません。理由としては、GAFA（Google、Apple、Facebook<現：Meta>、Amazon.com）が提供しているような一般的なプラットフォームよりもデータがより閉鎖的だからです。Aという建設会社で使ったデータをBという会社では守秘義務があり使えないですし、相応の理由があっても嫌がられます。同時に、もしデータがあったときにプラットフォームの価値が上がるのであれば、喜んでそのデータを提供するでしょう。そのため、データがたくさんあるときの価値がデータを蓄積するコストを上回らないため、データを蓄積するため

のプロセスに大きな価値があるのです。そのため、データがたまらないとプラットフォームとして機能しませんが、データを蓄積するプロセスが豊富に用意されていることこそが価値になるのです。

　一般的なプラットフォームは人々が欲しがるものを提供し、その結果集まったデータを用いたネットワーク外部性によってプラットフォームは強くなりますが、建設プラットフォームはデータから考えて、どのようにそれを集めるかといった有益なプロセスの数ほど価値が高まるのです。

BIMは建設プラットフォームにあらず

　建設プラットフォームは、大手であれば建設会社自身でオリジナルのプラットフォームを開発することもあるでしょう、ITツールのベンダーがプラットフォームを目指して開発することもあると思います。必ずしも一つのプラットフォームがすべてのデータを扱える必要もなく、プラットフォーム同士で連携し合うことも考えられます。単に作図を効率化するために生まれたCADがデータベースの考え方を取り入れてBIMに変化したように、ITツールも建設プラットフォームの考えに変化することで既存ツールが変化する可能性があります。

　さらに言うと、プラットフォームが建設を生産する過程のデータを扱うのであれば、3DのデータベースであるBIMもプラットフォームの一つとして見ることができるのではないでしょうか。しかし、建設プラットフォームの定義に当てはめると、実は異なる思想であることが分かります。BIMの場合はBIMモデルと呼ばれる3Dのファイル自体に形状情報とデータベースが含まれているた

め、BIMモデルを書くソフトウエアはツールの一つとして見ることができます。そのため、形状データと属性情報のデータが結合されて扱われることが前提であり、切り離してしまうと属性情報は存在する意義を失ってしまいます。

　つまりCADからBIMの変化と、ツールからプラットフォームへの変化は本質的に異なるのです。BIMがプラットフォームのように見えるのはCADに機能を追加したからであり、あくまでもBIMは設計ツールです。工事現場で使われるITツールの増加によりデジタル化される領域が広がったことで、建設生産という設計施工、さらにはそれ以降のフェーズにまでツールとしてBIMを活用できるようになりましたが、ほかのITツールと同様に、BIMも建設プラットフォームで扱われる数ある生産データの一つと言えるのです。

COLUMN 建設業以外のプラットフォーム

　建設業以外の分野では、多くのプラットフォームが米国発で存在します。例えばShopifyというECプラットフォームが代表例です。Shopifyは自社で簡単にECサイトを作れるサービスで、ホームページの作成からカート機能や決済機能まで、ECに必要なものがすべてそろいます。ECで購入した顧客リストなどのデータが蓄積していくため、それらをほかの分析プラットフォームと連携させたり、マーケティングツールと連動してShopifyで作ったECサイトを売り込んだりできます。また、カート機能などのShopify独自機能をプラグインと呼ばれる拡張ツールを使ってバージョンアップすることも可能です。このように、ECに必要なものをデータベースとして扱うことができ、必要なデータを任意のタイミングで取り出し、構成する要素は自由に取り外しができるといったプラットフォームとしての要素を備えています。

2-4-3 早過ぎた建設プラットフォーム

　建設プラットフォームが浸透すると、どのようなことができるようになるのでしょうか。それは、過去の事例から見ることができるのではないかと思っています。

　今起きている建設プラットフォームの動きは、大手建設会社とITサービサーもしくはITベンダーによるものですが、かつてはプラットフォームの考え方を複数社の取り組みとして実施した事例が

いくつかあります。ソフトウエア開発費が高く商業化を想定できない頃のプラットフォームでしたので、広く普及することはありませんでしたが、早期に挑戦したという意味でたたえるべきものがありますし、実際、一定の成果を上げています。

鹿児島建築市場

　1990年代、舞台は鹿児島県です。同県の中小工務店や専門工事業者、建材販売業者、プレカット工場などが加わり、インターネットでサプライチェーンをデジタル化する試みが実施されました。当時、スマートデバイスはもちろんのこと、クラウドという言葉もなく、業務にインターネットを活用すること自体が先進的でした。

　そんな中で、建築のバリューチェーンに関するデータベースをリアルタイムに複数の会社で共有し、流通と金融を理想的な状態で変化させていく取り組みで、インターネットを活用した全く新しいシステムとビジネスモデルが構築されたのです。これは一時期、「建築市場モデル」と呼ばれ、早稲田大学を中心に、今でいうDXの一つの形として研究対象となり大いに注目を集めていました。

　このモデルを実践に移していたのが鹿児島県の集団であり、鹿児島建築市場モデルとも呼ばれています。工務店がCADで設計したデータはリアルタイムに他社にも共有され、関連する専門工事業者はすぐに内容を精査して見積もりを行い、データを建材販売やプレカット工場などに流し、いつまでに材料が入るかといった情報が共有され建築が出来上がっていく、といった内容です。鹿児島建築市場は、①システム会社、②工務店、③工事現場、④資

材供給会社・専門工事業者、⑤CAD・積算・管理センター、⑥調達・物流センター、⑦プレカット工場の7つの要素から構成されています。それぞれが同じデータベースを見られるようにすることで、バリューチェーンを一気通貫でデジタル化することができたのです。将来的にECやマーケティング、工事現場のデジタル化など来るべき未来への対応も含めて考え抜かれており、完成度の高いモデルでした。

　2000年代の初めに160社が参画したと報道されますが、その後、活動内容が分かる公開情報はありません。他県への展開がうまくいかなかったと聞きますが、現在はあまりその名を聞くことはなくなりました。ここからは筆者の推測ですが、大きく2つの問題から、少しずつ衰退していったのではないかと思います。

　まずは、費用の問題です。同様のシステムを今作るとしたら、間違いなくクラウドを活用するでしょう。開発コストは安く、エンジニアの確保も比較的容易だからです。しかし、クラウドのそうした恩恵を受けることができるようになったのは2010年代に入ってからです。それまでは、インターネットを活用したサービスを開発するには大きな初期設備費が必要で、エンジニアの確保も非常に大変でした。

　1990年代に始まった鹿児島建築市場は、理想は良かったもののテクノロジーが追いつかず、開発にも運用にも多額のコストがかかっていたと予想されます。また、費用と直接関係しませんが、当時のWebブラウザーの機能は今と比較すると貧弱で、Webブラ

ウザーの制限によりあまり高機能にはできない時代でした。

　もう一つの問題は、情報公開の仕組みです。鹿児島建築市場で
オープンにされている情報は、本来なら公開されないものも含ま
れます。透明性や効率化を求めるとオープンにすべきですが、企
業活動から考えると難しい面があったと思います。現在であれば、
権限設定などセキュリティーに関する各種機能でそういった問題
を解決できそうですが、当時実装するのはなかなか難しかったの
ではないかと思います。

　鹿児島建築市場が目指したのはバリューチェーンに必要なデータ
ベースを作って活用することであり、これは、建設プラットフォー
ムの動きと同じです。これを1990年代に進めるのは非常に難し
かったと想像しますが、モデル自体はとても素晴らしく、そこで語
られているビジョンはまさにDXそのものであり、これから起こり
得る変化だと思います。

COLUMN コンストラクションEC.com

　コンストラクションEC.com社の取り組みは非常に興味深いものがあります。2000年に設立された建設業特化の「CALS/EC」サービスを提供している企業ですが、スーパーゼネコン5社とNTTデータ、日本オラクルによって設立された会社です。CALS/ECとはContinuous Acquisition and Life-cycle Support / Electronic Commerceの略で、CALSは「継続的な調達とライフサイクルの支援」、ECは「電子商取引」と訳すことができ、情報の電子化と共有により製品のライフサイクルの様々な局面でコスト削減・生産性の向上を図るというのが一般的な概念です。

　建設省（現・国土交通省）が、建築や土木工事など、公共事業におけるCALSを特に建設CALSと名付けたことを始まりに、建設業における取引や契約の電子化ということで取り組みが進んできています。自社で見積もり・注文・出来高・請求業務を効率化するいわゆるコストマネジメントのカテゴリーに近いツールを提供しつつ、合わせてそれにアクセスできるAPIもサービスとして提供しています。大手5社が株主として入っていることを考えると、まさに協調領域としてこの分野を捉えてプラットフォームを作ろうとする試みの一つではないでしょうか。

早過ぎた建設プラットフォームからの学び

　建設プラットフォームは、建設業がデジタルで競争優位性を築くチャンスを与えてくれるものだと思います。鹿児島建築市場はデータベースを構築しており、それを活用することで多くの可能性があっ

たと思いますが、産業全体に広がってスタンダードにはなれません
でした。理由としてはやはり、決められたプレーヤー、決められた
領域での展開であるため、市場原理が働かないからでしょう。商用
として広く展開が求められるものは、使う側に価値提供できなけれ
ば、そのサービスは使われないですし、たとえ使われたとしてももっ
と良いサービスが出てきたらすぐにリプレースとなります。

　現在の建設プラットフォームの競争は、多くのサービスベンダー
がITツールで参入してきた流れから起きたものであり、当然のよ
うに市場原理が働くと考えています。また、プラットフォームは必
ずしも一つになるとは限らないですし、施工まで含めた建設生産と
いう視点では、CADのAutodesk社のようにデファクトスタンダー
ドになった企業はまだいないと考えています。Procore社がその位
置に最も近いのかもしれませんが、世界の建設投資額を考えると、
まだAutodesk社のような存在ではありません。

2-4-4建設プラットフォームをめぐる競争

　CADもBIMも黎明期は大手建設会社が自社で開発する時期を経
て、今では外部サービスを検討することが当たり前になっています。
ITツールも既に展開していた社内アプリをスマートデバイス向け
に変更する開発が主流だったところからスタートしました。そう考
えると、プラットフォームも大手建設会社の自社開発から始まるの
ではないかと思います。竹中工務店は2021年12月に建設デジタル
プラットフォームの環境構築と活用を宣言しています。大成建設は
他社に先駆けて運用をスタートした建設サイトと呼ばれるクラウド
基盤を刷新し、X-grabという名のDX基盤の展開を始めています。

他社も生産情報のデータベース構築とその活用といった取り組みを始めており、2021年はプラットフォーム元年と呼んでもいいくらいの動きがありました。

振り返ると、Autodesk社が初めて商用CADを発売したのは1983年、日本でBIM元年と呼ばれたのは2009年、そしてITツールは大林組がiPadを大きく導入した2012年です。思えば、CADやITツールが設計、施工の現場で当たり前のように使う状況になるまで、それぞれ10年ほどかかりました。今後10年は、建設生産全体においてITツール革命から建設プラットフォームに大きくかじを切っていくことでしょう。そして、「建設プラットフォームの構築」そのものが、建設業界の主要プレーヤーや建設テック企業の今後だけではなく、産業史に深く刻まれるほどの大きな取り組みになっていくと予測しています。

大手建設会社と新旧の建設テック企業が入り交じる建設プラットフォーム競争のその先は、デジタル化の一つのマイルストーンである、さらなる生産性向上という未来が待っていると思います。しかし、その未来を実現するには、まだまだやるべきことが山積しており、建設業そして建設テックに従事する方の頑張り次第だと思っています。DXという大きな変革期を迎え、デジタル化を前提に事業や組織構造すら変わった未来、日本の建設業はグローバルなプレーヤーとして残れるのでしょうか。建設プラットフォームはその始まりであり、真価が問われるフェーズに入ってきているのではないでしょうか。

まとめ

(1) CADからBIMの流れと同じく、ITツールもデータをいかに蓄積して活用するかといった流れに変わってきている。これを本書では「建設プラットフォーム」と呼ぶ。なお、どこからでもデータを呼び出せる仕組みはRDBMSとAPIという２つのテクノロジーによって成り立っている。

(2) 建設プラットフォームは「業務に関連したデータをデータベースとして扱うことができる」「必要なデータを任意のタイミングでセキュアに出し入れできる」「構成する要素は互いに疎結合であり自由に取り外しができる」という３つの必要要素で成り立つと考えられる。

(3) 建設プラットフォームの取り組みとして鹿児島建築市場が例として上げられるが、デファクトスタンダードになっていない。建設プラットフォームはテクノロジーが建設業における競争優位性をつくる初めての機会の可能性もあり、発展させていくことは有意義な取り組みである。

(4) CADもBIMもITツールも普及するのに10年くらいかかっている。建設プラットフォームは各社からの発表が出そろった2021年をプラットフォーム元年と見ることができ、今後10年は、建設生産全体においてITツール革命から建設プラットフォームに大きくかじを切っていくことになる。

2-5 建設業はどう変化し始めるのか

　建設技術は建物を生産するために必要となる純粋な手法であり、建設テックはその生産を取り巻く情報を整理することにより生産性を向上させるテクノロジーと区別することができます。建設技術は建設業の誕生から市場の変化に合わせて成熟し、生産性向上が喫緊の課題となってきた昨今において、技術開発のメインストリームが建設技術から建設テックに変化してきています。建設技術の発展はゼネコンが大きくけん引したように、建設テックに関しても、テクノロジー企業が提供するサービスをゼネコンが用いて生産性向上の範囲を広げ、発展させています。CADの誕生から約40年、着実に建設テックは進化しています。

　一方で、日本建設業連合会が掲げる週休二日を100%できていない状況や、今後の人の減り方を考えると、建設テックへの期待はさらに高まるばかりです。実際のところ、建設テックによって業界はどのように変わっていくのでしょうか。それに合わせて、建設業および関連企業で働く人に求められるスキルやマインドも変わっていく必要があるのでしょうか。

　建設技術の成熟とともに建設業の組織が変化してきたように、建設テックの発展が与える影響を考えたいと思います。それが本節のテーマです。

2-5-1 イノベーター理論に基づく建設テックの普及

　1962年、米スタンフォード大学のエベレット・M・ロジャース教授がイノベーター理論を唱えます（「[COLUMN] イノベーター理論」参照）。この理論は新しい製品やサービスが普及する様子を時間軸で示したもので、アイデアの採用者を5つのカテゴリー（イノベーター、アーリーアダプター、アーリーマジョリティ、レイトマジョリティ、ラガード）に分け、これら採用者の数を時間軸にわたってプロットすると、累積度数分布の曲線がSカーブとなることを示しています。特にアーリーアダプターを超えるかどうかが「キャズムの壁」と言われ、全体の16%を超えて普及したサービスは、その後の時間差はあるものの市場に大きく普及していくと考えられています。

　新しいものを早期に使い始めるイノベーターと、普及してから選ぶレイトマジョリティでは、ニーズが異なります。そのためテクノロジーの普及においては、採用者に合わせていくことが必要であり、そのためには、建設業という組織の中での意思決定プロセスについて深い理解が必要です。スマートデバイスの普及によって多くのITツールが生まれ、同じ領域に複数のサービスが存在するのが通常であり、建設業に導入される際は「選定」と「稟議」という2つのタスクが発生します。どちらも組織活動においては重要な要素ですので、順番に見ていきたいと思います。

COLUMN イノベーター理論

　本理論は新しい製品やサービスが普及する様子を時間軸で示している（図表2-7）。

イノベーター

　新しいアイデアや技術を最初に採用するグループ。リスク許容度が高く、のちに普及しないアイデアを採用することもある。全体の2.5％。

アーリーアダプター

　オピニオンリーダーとも言われ、ほかのカテゴリーと比較すると周囲に対する影響度が最も高い。イノベーターよりも取捨選択を懸命に行う。全体の13.5％。

アーリーマジョリティ

　一定の時間がたってからアイデアの採用を行う。全体の34％。

レイトマジョリティ

　平均的な人が採用した後にアイデアを採用する。割と普及したアイデアも懐疑的に見ている。全体の34％。

ラガード

　最も後期の採用者。変化を嫌い、伝統を好み、身内や友人とだけ交流をするといった傾向がある。全体の16％。

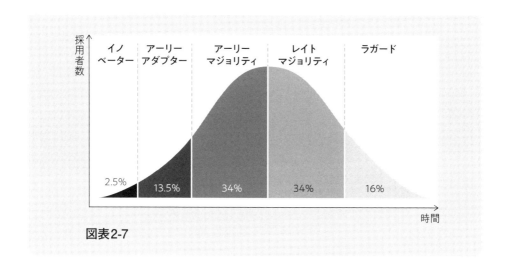

図表2-7

2-5-2 建設テック導入に至る意思決定①「選定」

「選定」とは、どのITツールを選ぶかということです。個人の買い物とは異なり経済合理性が求められますが、選ぶのは法人であれ個人に変わりありません。選定に失敗すると導入しても効果が出ないこともあるため、定性と定量の両面で自社にあったものをしっかり選ぶ目利きが必要です。

ある程度の規模の建設会社では本社と現場組織があり、ITツールの導入に関しては、基本的に本社の現場組織を横軸で見るチームが対応するケースが多いようです。一方で建設業では、歴史的な経緯から現場の長が強い組織となっていることがあるため、現場組織主導での導入というケースも少なくありません。後者の場合は「自分たちが欲しい」と思うものを選ぶことになるのですが、前者の場合は使うのは自分たちではないケースも多々あり、より多面的に見

て判断される傾向があります。

　私はゼネコン時代、本社にいてツール選定に携わっていました。また、今でも仕事柄たくさんのツールを比較して建設業のツール選定の相談を受けることが多いです。そういった経験を踏まえてお話しすると、大事なのはサービスのビジョンやコンセプト、そしてそこに居る人のスタンスだと考えています。もちろん、機能やコストといった面も大事ですが、建設テックという領域は、テクノロジー企業から見ると汎用的にどの会社でも使えるようなツールと比較するとまだまだニッチです。また、建設テックといっても対象となる業種は幅広く様々であるのに加えて、サービスそのものを拡張させる余地が広く、いくらでも広げることができます。そのため、そのサービスがどこを目指しているのかを正しく理解することが大事です。

　適切に判断するには、自社が何を目指しているかをはっきりさせることが必要です。現場での写真撮影に困っていてそれ以上望んでいないのか、広くデジタル化したいけどまずは写真撮影からなのかでは、選定するサービスは大きく異なります。特に本社側の人間であれば、「自社がどうしていきたいか」「何のためにITツールを導入するのか」といった基本的なことを忘れないよう整理しましょう。

　ツール探しの基本は、インターネットを介して資料をもらったり、展示会にデモを見に行ったりと、材料をそろえることからスタートです。どんなに大きなビジョンがあったところで、現時点で導入したときに成果を出せるかどうか、目的にあったものを選ぶことが大事です。そのために、実際に触ってみて必要最低限の機能を有していることを確認します。この必要最低限というのが大事で、枝葉の

機能を求め過ぎず、コア機能で何ができるか、それが目的と合っているかを判断して選定していく必要があります。

　ある程度絞られたら現場組織での試行に進みますが、現場組織の力が割と強いこともあり、いきなり大きく広げるのではなく、前向きな現場代理人がいる２、３の現場を選んで進めるのがよいと思います。ITツールに対して後ろ向きな現場で試行して「うまくいかない」と評価されると、そこで導入は止まってしまいます。なお、試行は次の「稟議」においても非常に重要な役割を果たすため、何を試行するのか、試行した結果どう評価するのか考えたうえで進めないと、せっかく試行したけど何も得るものがなかったとなってしまう可能性があります。そのため、次の稟議プロセスで試行結果をどう使うかという点から逆算して進めましょう。

2-5-3 建設テック導入に至る意思決定②「稟議」

　選定できたら、次は「稟議」です。稟議とは、組織の中で導入したい事項が発生した際に、その内容を説明する書類を作成し、関係各所へ回覧して上位関係者の承認を受けることです。建設テックの場合、自分が選定したツールを実際に導入するために、上司の許可をもらう正式な手続きになります。ITツールの導入は定常業務ではないので、しっかりと関係者に対して内容を説明しないと理解を得ることが難しいです。

　ITツールの導入はテクノロジーの導入でもあります。既に実績があるテクノロジーなら「実績がある」というだけで説明がつくかもしれませんが、新しく実績がないものなら、しっかりと価値を見

極めなくてはいけません。稟議は、テクノロジーの価値を見極める強力なソリューションという見方ができます。そう考えれば、面倒な稟議作業もクリエーティブに見え楽しめるのではないでしょうか。

　建設業でITツールを導入する際の稟議に必要な要素を列挙しました。これらをしっかり準備して説明すれば、誰でも稟議を通すことができます。

1．背景
2．全体概要
3．詳細（特徴・機能・システム構成）
4．業務の変化と効果
5．試行結果
6．コスト
7．比較表
8．将来像

　この8つの項目はすべて必要で、これら一つひとつを考えていくことで、建設テックで何をしようとしているのかの理解が深まると思います。順に見ていきましょう。まず「1．背景」です。これまでの経緯も含めて、今回稟議として説明が必要となった背景を示します。例えば、クラウドを用いた写真管理ツールを導入しようとしたとき、これまでどのようにして写真管理をしていたのか、どんな課題があったのかを端的に書きます。また、これまでにも写真管理ツールを導入しようとしたことがあるなら、そのときは何が良くなかったのかも伝えましょう。

　次は「2．全体概要」です。ここは、今回の稟議の内容がいったい何であるかをできるだけ資料1枚で伝えます。ポイントは、導入するITツールの機能や特徴はできるだけ書かずに、目的と、何をしたいかを強く意識することです。結局「何だったけ？」となったときに戻ってくる1枚であり、最悪ここだけ見れば何をしたいかが分かる内容になっている必要があります。

　次の「3．詳細（特徴・機能・システム構成）」では、ちゃんと目的を達成できる機能があるのかなど、具体的な実利が分かるように説明する必要があります。ここで具体的にサービスやテクノロジーの優位性がイメージできるようにしましょう。

　その後に、「4．業務の変化と効果」を説明します。検討対象のサービスを使う前と後で業務はどう変わるのか、どのような効果があるのかを明記します。効果は定量的に表せるものだけではないですが、定量的な部分がきちっとあってこその定性的な効果（例えば、効率化によるモチベーションアップなど）なので、必ず数字で語るようにします。この効果は机上の計算なので、実際に工事現場で試行してその結果を示します。それが「5．試行結果」です。4．で示した効果が実際の現場でも機能するのかを試すのです。想定した通りの結果が出るとは限りませんが、稟議のときにどのように説明するかを想定しておけば、工事現場での試行がやりやすくなります。

　後は、実際にかかる金額を説明します。これは「6．コスト」です。初期費用と3カ年ぐらいのランニング費用を示すのがよいと思います。ここでかけるコスト分は費用対効果で回収できると説明します。

　ここまで説明した背景、概要、効果、コストで、導入の判断に必要な情報はそろっていますが、最後に一工夫として、「7．比較表」と「8．将来像」も用意しておきます。「7．比較表」は「ほかの選択肢はないの？」という疑問に答えるものとなります。3つのサービスを比較した結果を示し、機能でもコスト面でも今の選択がベストだと示すのがよいと思います。直接比較するものがない場合は、できることをベースにして比較するのもよいかもしれません。例えば書類管理システムを導入したい場合、工事現場に特化していなければたくさんあります。汎用的なツールと比較し、「今の選択肢が最も良い」と示せばいいのです。

　サービスのビジョンやコンセプトで「8．将来像」を示せば、今回の選択が将来にわたって良いものであると判断してもらえます。新しいテクノロジーの場合、今は100％満足いくものではなくても、自社が進みたい方向とサービスの拡張の方向性が同じかどうかは大切な視点になります。

　稟議は、一度コツをつかめば誰にでもできます。建設テックサービスの導入には必要不可欠なので、次の時代をつくるテクノロジーをしっかりと発展させていく意味でも、建設業にいる方はぜひ前向きに取り組んでほしいですし、テクノロジーを提供する側は発展につながるため、ぜひ手伝ってあげてほしいと思います。

2-5-4 PMOという役割

　第1章で、建設業の組織構造がどのように変化してきたかを説明しました。もともと、工事現場の長が経営者であり、徐々に受注量

が増えるに従って工事現場の数が増えたため、代理で現場を取り仕切る役割として現場代理人が誕生しました。その後、会社が組織化していく中で様々な役割が生まれていきます。ちょっと乱暴ではありますが、現在の建設業における組織を役割で分けると、大きく「ビジネス」「エンジニア」「コーポレート」の3つになると思います。「ビジネス」はさらに細かく分けると営業職やプロジェクト推進があり、「エンジニア」は施工管理や積算などに分けることができます。この3種類に従事している従業員の比率は、たいていの建設会社はエンジニアが圧倒的に多いと思います。受託ビジネスでもある建設業の売り上げは、エンジニア（特に現場代理人）の数で決まるからです。

　テクノロジーと組織構造の関係を考えてみます。建設技術はその名の通り現場組織に所属する技術者、つまりエンジニアが推進して恩恵を受けていました。建設業においてエンジニアリング力でもある建設技術が向上するということは、生産物である建築物がより早く建てられたり、これまでは技術的に建てるのが難しい建築物を建てたり、従来のコストの半分で建てたりすることを意味します。その結果、より多くの仕事を受注できるなど、根本的な変革が可能になります。

　一方の建設テックは、直接的に生産物に影響を与えるわけではありません。また、建設技術が建設業における競争優位性に直結していた時代と比較して、組織は大きく変わっています。そのため、建設テックの事業や組織への影響を見定めるのは、テクノロジーがどのように普及していくかといった点でも欠かすことができない視点になります。建設テックをどのように選定するかといった点でも触

れましたが、稟議を上げるのは本社（先の3分類の「ビジネス」「コーポレート」）が多いです。建築物を建てる技術である建設技術とは異なり、プロジェクトを横断して採用するケースがほとんどであり、エンジニアではなくビジネスやコーポレートといった役割が推進します。

　建設テックは実際に使わない本社が採用するからといって、導入した後に何もフォローしなくても良いわけではありません。むしろ、システムの保守運用など、メンテナンスコストは建設技術よりも高いのではないでしょうか。また、建設業はプロジェクト単位で動くため、エンジニアは各プロジェクトに散らばっています。建設テックはプロジェクトを横断して複数の工事現場を支援することもあり、導入するためのパワーも比較的高くなっています。それらをカバーするためにPMO（Project Management Office：プロジェクト・マネジメント・オフィス）に近いポジションが大手ゼネコン組織を中心に生まれてきています。

　PMOとは、組織内における個々のプロジェクトマネジメントの支援を横断的に担う組織です（建設業特有の組織ではなく特にシステム開発業界で浸透している）。建設業の施工管理は英語でプロジェクトマネジメントと訳すケースがあり、工事現場を円滑に進捗させるという点ではプロジェクトマネジメントそのものです。そのため建設業におけるPMOとは、「工事現場で施工管理を支援する」といった意味に近いです。システム開発の現場もプロジェクト単位で進むことが多く、その構造は多数の協力会社によって成り立っているため、NTTデータなどのSIer大手は「ITゼネコン」とも呼ばれています。各プロジェクトが進む中で、PMOはPMの手法、ルール、

マニュアル類を整備したり、時には個別にプロジェクトを支援したりして、プロジェクトマネジメントが効率良く進められるよう支援します。

PMOという言葉は建設業ではあまり使われませんが、昔から工務部や技術部といった名前で、各プロジェクトを支援する部署はありました。これらは各プロジェクトの事務作業や技術的な標準化、もしくは個別の出来事に対する支援をしています。デジタル化を推進するにあたり、プロジェクト横断型で支援する組織に求められるものも多くなってきており、その結果、従来の工務部や技術部はもちろんですが、IT推進や情報システムに近い組織もプロジェクトを個別支援することが多くなり、役割としてPMOに近いチームが組成されているのです。

2-5-5 建設テック時代に必要となるマインドとスキル

建設テックを導入してデジタル化を進めていくにあたり、PMOのような存在が必要になってきているのは、既存の建設業の延長線にない、新しいスキルやマインドを持った人材が必要だからです。そうした人材は、よく言われる「建設業のDX人材」のことです。

建設業のDX人材に必要なスキルは、ITツールを使えることはもちろん、他人に使い方を教えることや、保守運用のためサービス提供者と交渉して自社が必要な機能をバージョンアップ時に実装してもらうなどの折衝能力も求められます。建設テックを発展させていくには、早く取り組んで早く失敗して軌道修正するというサイクルを、どれだけ高速で回せるかが大事になります。そのため、失敗が

許されない文化ではなかなか進みません。近年はクラウドにより
ITの導入コストは飛躍的に下がりました。建設技術と同様の採用
手法ではなく、スピード感をもって「選定」と「稟議」というタスク
を進めるのがよいでしょう。そのためには、自社の業務理解とIT
の知識の双方が必要です。

　近年の建設業では、現場組織にほとんど在籍することなく本社組
織で働く人が少なくありません。その場合、現場組織の人がどのよ
うな課題を抱えているのか、全体最適化の視点で見たときにどこを
デジタル化すればよいのかを考えるためにも、工事現場で実際何を
しているのかしっかり理解しましょう。ずっと現場組織にいる人か
らすると、「見たり聞いたりするだけで何が分かるのか」と思いが
ちではありますが、必要なのは業務を俯瞰的に見て理解する力です。

　現場の人は事実と意見を述べ、本社の人は御用聞きのつもりで現
場組織の話を聞きつつ、整理と理解をしたうえで取り入れる意見や
姿勢がデジタル化を進める鍵となります。その際、本社組織は現場
の話を聞き入れ過ぎても良くなく、無視すべきところは無視すると
いった強い意志を持って進めることも求められるのです。

　ITツールは、当たり前ですが導入すればよいと言うわけではあ
りません。目的に沿っていそうな機能を備えていれば効果が出るわ
けでもありません。導入された後も、適切に使っているかどうかを
確認したうえで効果検証を実施し、今後の計画を策定する必要があ
るのです。もちろん導入して終わるようなツールもありますが、建
設テックでは、最終的にデータ一元管理のプラットフォームに進化
していくことを考えると、それなりに計画があったほうが有効的に

進めることが可能です。

　例えばペーパーレス化を進めるにあたり、いきなり書類管理ツールを選定するのではなく、どのように進めるのか全体計画を描くのがよいでしょう。いきなりすべての書類を対象にするのではなく、最初のステップとしてどの範囲の書類を電子化するかなどを考えていきます。それは、現場組織の中で最も作成に時間がかかっているような、いわゆる導入したときにありがたがられる範囲にすることをお勧めします。そして最初のステップがうまくいったら、次の適応範囲を決めておきます。最初からすべての書類を上げるのは難しいかもしれませんが、デジタル化の過程で業務自体を見直すこともできるため、現場組織と協力しながら進めていきましょう。

　管理・運用コストは最小限に抑えられるか、セキュリティーは大丈夫かなど考えることは山積です。これらに対して粘り強く取り組む姿勢はもちろん、現場組織からの反発や日々寄せられる様々な意見にも真摯に取り組む必要があります。

　こういったことから、PMOといったポジションは奉仕のマインドをもちつつ、業務知識とITスキルの双方が求められ、自らもプロジェクトを円滑に進めるための力が必要となってきます。これだけでも大変ですが、組織内で多くの意見を聞きつつもデジタル化を進めるために一定のビジョンをもつ必要があります。

　次章で詳しく見ていきますが、建設テックが広がる中で多少なりとも組織に求められる役割が変わってきているように、デジタル化が進むとさらに大きな変化が起こると予測されます。組織が変わる

と建設という事業自体にも変化があると思われ、こういったデジタル化が進むことで起きる変革とも言える変化のことを昨今ではDXと呼んでいます。DXとは非常に曖昧なものですが、デジタル化を推進するうえでは避けては通れない道であり、誰もが目指すべき到達点だと考えています。

2-5-6 建設テックは建設技術の夢を見るか

　昨今の建設業で大きな話題になった取り組みに「建設RXコンソーシアム」があります。鹿島建設、竹中工務店、清水建設を中心とした大手建設会社16社により設立された業界団体です。施工ロボットやIoTアプリなどの開発と利用に関わるロボティクストランスフォーメーション（ロボット変革）の推進を図るべく設立され、会社横断でノウハウ共有や技術開発に取り組んでいます。これまでも、日本建設業連合会をはじめとした業界標準化の動きはあったものの、ノウハウや技術などは自社の強みおよびPRの視点で取り組んでいたこともあり、複数の会社共同での研究開発は非常に珍しく、メディアなどでも広く報じられました。

　ちなみにテクノロジーにフォーカスを当てると、建設RXコンソーシアム以前から、複数の会社が共に取り組んでいる事例が多数あります。例えば、日本建設業連合会におけるICT専門部会やBIM部会などは、業界におけるITツールの紹介や、施工フェーズのBIM活用の推進に向けてノウハウやBIMモデルのサンプルファイルなども惜しみなく各社に提供しています。特にBIM部会は大規模なイベントを開き、プロジェクト全体の生産性向上のために専門工事会社まで巻き込んだ活動をするなど、非常に精力的に動いています。

　2021年に設立された施工管理ソフトウェア産業協会（J-COMSIA）は、もともと国土交通省の所管の財団法人であった日本建設情報総合センター（JACIC）が長年取り組んでいた、電子小黒板と呼ばれる現場で使う黒板のデジタル版の標準に向けた取り組みから始まっています。これも、国土交通省の取り組みということもあり多数の建設業と建設テックを提供する企業が協力しながら、電子小黒板のテクノロジーに関する技術開発や仕組みの標準化などを行っています。

　ほかにもBIMの標準基盤を確立するためのbuildingSMARTや、戸田建設、西松建設など中堅ゼネコンが20社以上参加している、業界内では共研フォーラムといわれる活動（直近では配筋検査システムの共同研究開発を発表）など様々な取り組みがあります。

　建設RXコンソーシアムをはじめとしたこのような取り組みは、大手建設会社の研究開発の主戦場がシフトしてきたことを表していると私は考えています。研究開発の主戦場は、建設技術が成熟化した結果、根本から建設技術の在り方をディスラプト（既存のやり方をすべて変えてしまうような、物事の秩序を混乱させる手法）するような技術や、建設業の中では汎用性の高いプロジェクトマネジメントの生産性向上を目的としたテクノロジーに移ってきています。請負が生まれたその時から、建設技術の発展はゼネコンがけん引してきたのは間違いありません。

　ただ一方で、自らの研究開発が建設技術に及ぼした影響は軽微でした。そのため、ディスラプトするような技術が出てきたら「プロジェクトで採用すればよい」という話であり、それ自体が競争優位

性にはならないため、できるだけ早く開発して皆で使ったほうがよいと考えているのだと思います。

　建設業の黎明期を生きたイノベーターたちは、積極的に難工事に挑み、その時点では多少なりともチャレンジングであった工事に真剣に取り組むことで建設技術を大きく発展させてきました。多くの成功と失敗の積み重ねは、建設技術の淘汰を引き起こし、有望な技術は実績を積むことで、建設業は私たちが見ている景色をつくってきたのです。

　そして建設技術が成熟した後、テクノロジーによって生産性を向上させるべく建設テックが生まれ進化してきました。しかし、今の建設業を見ると、1960年に日本建設業職員労働組合協議会が掲げた日曜全休は実現できているものの、他産業では当たり前でもある週休二日の実現は、日本建設業連合会が2021年に取得したアンケートによると37.9％で、これからの状況です。まだまだ生産性向上が必要と考えると、今後、建設テックは時代のニーズに合わせてさらに発展していくことが想像できます。

　本章の冒頭でも触れた通り、建設テックは建設技術とは異なり物理的な建築物に直接的な影響を及ぼすことはありません。また、プロジェクトの個別最適化よりも全体最適化の要素が高いという性質上、企業間において競争優位性が働くものではないと考えられていると想像できます。それ故、異なる会社同士で手を取り合うという構図になっているのではないかと思われます。確かに技術開発やITツールの選定という点で見ると、全体で取り組んだほうが有効ではあるかと思います。しかし、それは調達の観点において効率性

と費用を追求した結果であるとも言えるのではないでしょうか。つまり、共有という行為が行われている限りは、イノベーションを生み出し自社の強みとして生かす目的での技術開発とは全く異なるベクトルだということです。

　今日の建設業は、企業間における競争優位性を非常につくりにくい構造となっています。ゼネコンはプロジェクトマネジメント自体が技術とも言えますし、建設技術が成熟した状況だといかに人とお金を集められるか、そして優秀な現場代理人の数で成長率が決まってきます。これは実はIT業界においても同じことが言え、エンジニアとお金、そして優秀なプロダクトマネジャーの数でサービス提供できる幅が決まってきます。逆に言えば、そこの仕組みをいかに作り上げるかが競争優位性となります。

　建設技術が発展途上であった時代は、とにかく先行することで優位性を築くことができました。例えば鹿島建設は、創業期に鉄道工事にリソースを集中し、どこよりも鉄道工事の経験を積むことでノウハウがたまり、その後しばらくは、安定して国の仕事を獲得したのです。そういう時代だったとは思いますが、企業は積極的に職人を囲い込み、技術やノウハウのシェアも行われなかったのではないでしょうか。私は、建設テックでもこうした取り組みをすべきだと考えています。テクノロジーはあくまでも手段であり、建設技術ほど影響力はないという意見もありますが、プロジェクトマネジメントや仕組みが強みでもあるゼネコンにおいて、抽象的な概念をうまく扱うデジタル化こそが次の先行した競争優位性を切り開く武器になると考えています。

　本章でも触れた建設プラットフォームはまさにその一つです。企業の中で動いている情報の一つひとつを定義してデータベース化して発生するトラクションが見えるようになるだけでも、それはプロジェクトマネジメントを含めた仕組みをより効率的かつ効果的に回すことができることを意味します。しかし一方で、建設業には建設プラットフォーム構築に対するリソースもそれに対する適した人材も不足しています。そして、求められるスキルやマインドは既存の建設業の延長線にあるわけではなく、協力しながら培っていかないといけません。

　建設プラットフォームがもし本当に競争優位性があるものだとしたら、それは2つの可能性を示唆しています。一つは格差の拡大です。請負の誕生によって生まれた大手ゼネコンは、投資する資本は潤沢にあるため、ビジョンを持ってデジタル化を推進することができれば、競争優位性は一時的にさらに確固たるものとなり他者との差は開いていくと考えられます。もう一つは、デジタルに特化した新しいスタイルの建設業が生まれることです。請負からゼネコンが生まれ、工業化の波によってハウスメーカーが生まれたように、生産性向上へ向けた取り組みは、それを得意とする建設会社を生み出す可能性があります。

　それがどのような形になるのか様々な未来があると思いますが、前者の既存ゼネコンが競争優位性となるところまでデジタルを活用できる状況を「デジタルゼネコン（Digital General Contractor）」と表現するならば、後者のデジタルを用いた新しいスタイルの建設会社も「デジタルゼネコン（Digital General Construction）」と言えるのではないでしょうか。業界外の方は、ゼネコンのコンは

Construction（コンストラクション）と思っているかもしれませんが、Contractor（請負業者）という意味です。

　建設テック自体が建築物を造る技術にまで昇華され、それを使わない理由がなくなれば、それは既に建設会社でもありデジタルを使った建設行為（Construction）といってもよいのではないでしょうか。既存の延長線にはない、このデジタルゼネコンこそが、私は建設業の望むべき未来の形になるとも考えています。次章は、この新しいスタイルの建設会社としてのデジタルゼネコンに焦点を当てます。

まとめ

(1) 多くのITツールが生まれ、同じ領域に複数のサービスが存在しているのが通常であり、導入のためには「選定」と「稟議」という2つのタスクが発生する。どちらも組織活動においては重要な要素であり、これらを数多く実施している組織がデジタル化という側面で見ると強いと考えられる。

(2) 建設業の組織は変化している。役割を大きく分けると「ビジネス」「エンジニア」「コーポレート」の3種類に分けることができる。特にテクノロジーが進化する中で、システム業界ではPMO（Project Management Office）を呼ばれる職種が注目される。

(3) 建設業のデジタル化を進めるには、自社業務への理解とITスキルが必要となってくる。高度なスキルと、奉仕するマインドセット、デジタル化に対するビジョンが必要となる。

（4）複数の建設会社での技術開発やノウハウ共有といった取り組みが進んでいる。共有するということは、イノベーションを生み出して自社の強みとして生かす目的ではない。一方で、生産性向上が喫緊の課題となっている建設業では、建設テックはまだまだ発展すると考えられる。

（5）建設プラットフォームが競争優位性を持つものであるならば、既存のゼネコンが大きく投資をしてさらに成長するデジタルゼネコン（Digital General Contractor）と、デジタルを用いた新しいスタイルの建設会社としてのデジタルゼネコン（Digital General Construction）の2つの未来が考えられる。

第 3 章

デジタルで建てる
新スタイルの建設会社
Digital General Construction

3-1 スタートアップと建設テック

　1980年代にCADから始まった建設テックの盛り上がりは、2020年あたりから加速し、本書を執筆している2022年、最も加熱していると言ってもいいでしょう。世界の建設関連ソフトウエアのCAGR（年平均成長率）は、2027年まで10％を超えるという予測も出ており、建設業の成長率（2～3％）と比較するとはるかに高い数値です。10％を超える成長率はネット関連事業と比較しても遜色なく、建設技術よりも建設テックに人もお金も集まり続けていくことが想定されます。その盛り上がりをけん引しているのはスタートアップという新興企業です。スタートアップは野心的なビジョンを持ち、ベンチャーキャピタルなどの投資家から多額の投資を受け、急成長を目指します。建設業特化のスタートアップが数多く登場し、積極的に建設業に向けてサービスを提供し始めているのです。

　米国の大手経営コンサルタント会社McKinsey ＆ Company社（以下、McKinsey社）の調査によると、2014年から2019年にかけて、ベンチャーキャピタルによる建設テックスタートアップへの投資額は250億米ドルにもなっているとのことです。建設業特化のテクノロジー分野にこれだけのお金が多く集まるのはすごいことであり、それだけ魅力的な投資先だということです。では、いったいなぜここまでの盛り上がりを見せているのでしょうか。その理由はいくつかありますが、大きく「標準化の推進」と「Vertical SaaSへの期待」が挙げられます。3－1－1で「標準化の推進」を、3－1－2で「Vertical SaaSへの期待」を説明します。

3-1-1　プロジェクトの複雑化と標準化の推進

McKinsey社が示した建設業 9 つの変化

　McKinsey社は2020年6月、アフターコロナの「ニューノーマル」時代に建設業はどう変わるのかを予測した「The next normal in construction（次の建設業の常識）」というリポートを発表しました。その中で、デジタル化も含めた9つの大きな変化が建設業界に今後もたらされるとしています。以下にて紹介します（9つの変化の説明は著者による解説）。

1. Product-based approach（製品ベースのアプローチ）

　日本のハウスメーカーのようにモジュール化が進み、工場でパーツが自動生産される状況を示しています。製品として標準化されたシリーズを基に展開するアプローチが建設業でも起きるのではないかと示唆しています。

2. Specialization（専門性）

　受託ビジネスである建設業は、基本的にどの会社も「何でも建てます」というスタンスでしたが、今後はよりニッチかつ特定セグメントを得意とする会社が増えていくと予測しています。これは本書のテーマでもある専門性が進むことでデジタルゼネコンが誕生するという考えにも一致しています。

3. Value-chain control and integration with industrial-grade supply chains（バリューチェーンの管理とサプライチェーンの統合）

　設計や調達、施工など建設バリューチェーンの管理や統合がより明確になることを意味しています。産業における戦略的なパート

ナーシップや資本提携により、垂直統合で建物を生産できるように
なると指摘しています。BIMによるフロントローディングもこれを
後押ししています。

4. Consolidation（産業統合の推進）

　建設会社の合併です。標準化された製品ベースで建物を建てるこ
とや、バリューチェーンをより精緻にコントロールできるようにな
ることで、より規模の経済が効きやすくなるため業界の統合が進む
という予測です。

5. Customer-centricity and branding（顧客中心主義とブランディング）

　標準化が進むと建設会社は差異化が難しくなり、組織の特徴や価値
観をブランディングする重要性がより増します。消費者向け商品と同
じように、サービスの品質や価値、納期、信頼性が重視されていきます。

6. Investment in technology and facilities（テクノロジーと工場への投資）

　「オフサイトでいかに建造物を造るか」という研究投資が進みま
す。建材などを組み立てるロボットやドローン技術により、生産活
動がより資本集約的になる可能性を示しています。

7. Investment in human resources（人材への投資）

　変化により人材への投資が進む。むしろデジタル化をはじめ、変
化を及ぼすために、建設業は従来とは異なった人材を確保する必要
が出てきています。

8. Internationalization（国際化）

　標準化が進むと地域を超えて事業を展開する際の障壁がなくなり

ます。競争上の優位性を確保するには、規模の経済がますます重要となってくるため、建設会社は世界各地に拠点をつくり、グローバル展開していくことを示しています。

9. Sustainability（持続可能性）

　カーボンニュートラルの考えと同様に、建設は環境に与える影響が大きく、より持続可能性という視点での事業推進が必要となっていきます。より安全な工事現場が求められ、騒音や粉塵などにも、より一層気を配る必要が出てくるでしょう。

　特筆すべきはこれらの変革が必要な理由で、それは「建設業がアンダーパフォーマンスである」という主張です。簡単に言えば、「もっと生産性を高められるはずだ」ということです。建設業の過去20年間の年間生産性上昇率は、全産業平均の３分の１です。デジタル人材の獲得が困難なため、イノベーションが遅れています。デジタル化は、ほかのほぼすべての産業より低い状況であり、高いリスクと多くの債務超過にもかかわらず、収益性はEBITマージン５％程度と低い状況にあります。顧客満足度も低く、時間や予算の超過、クレーム手続きの長さが要因になっています。

　McKinsey社のリポートは米国市場を中心としたもので、そのまま日本の建設業に当てはまるとは限りません。ただ、リポートの中で建設業界の業績が低迷している理由を「プロジェクトの複雑性」とし、建設市場の基本的なルールや特性、それに対応して起こる業界の動きが業績低迷の直接の原因となっていると指摘しています。これは、日本にもそのまま当てはまると思います。

デジタル化は標準化

　建設業は、一品生産のオーダーメードであるため標準化が難しく、手作業の割合が高いにもかかわらず熟練労働者が不足しています。許認可、安全管理、現場管理まで広範な規制を受けており、入札における最低価格規定が、品質、信頼性、代替設計に基づく競争をより複雑なものにしています。建設プロジェクトは煩雑で、ますますその傾向が強まっています。

　煩雑なものを標準化するのは難しいのですが、デジタル化はある意味で標準化です。一つの例として、プログラミングをする人なら知らない人はいない「GitHub」（ギットハブ）を紹介します。これは、面倒なプログラムファイルのバージョン管理をしてくれるサービスです。建設業なら図面ファイルに「20160706_最新版○○プロジェクト」といった名称をつけて管理するも、「一つ前のファイルと何が変わったのか分からなくなった」といったことが起こると思います。こうしたファイルの版管理をしてくれるサービスです。プログラムファイルは数が膨大なので図面より大変で、IT企業の人たちは個別に工夫していたのですが、転職したり、部署が変わったりすると、それぞれの作法を覚えねばならず面倒でした。それが、GitHubの登場によって変わります。GitHubはサービスとして提供されているので、多くのエンジニアが利用するようになり、いつしかGitHubがバージョン管理の「標準」と見なされるようになったのです。その結果、転職しても部署が変わっても、バージョン管理のやり方を一から覚えるという面倒がなくなりました。GitHubの説明が長くなってしまいましたが、デジタル化は標準化という側面があるということです。

　McKinsey社が提唱した9つの変化の約半分は、デジタル化における標準化の文脈であり、標準化されればプロジェクトの複雑性は低くなることを意味します。建設業が製造業に近づいていくとも言え、だからこそ、建設テックのサービサーに投資するベンチャーキャピタルが盛り上がっているのです。

元建設スタートアップの旗手Katerra社

　私はMcKinsey社が示した9つの変化のうち、半分は起こると思いますが、残り半分は起こらないと考えています。1番から9番のどれが実現してどれが実現しないかという意味ではなく、それぞれの変化は起こるものの、そこまでドラスティックな変化ではないものもあると予想しています。

　その理由を説明する前に、かつてあった建設スタートアップの旗手Katerra（カテラ）社を紹介します。「かつてあった」というのは既に倒産して存在しない会社だからです。実はKaterra社はMcKinsey社の9つの変化の代名詞とも言える会社で、建設のバリューチェーンを再定義して標準化を大きく進めた会社です。Katerra社がなぜ失敗したのか。その分析は、現在のスタートアップによる建設テックの盛り上がりがこの後どうなるかについて、示唆を与えてくれると考えています。

　Katerra社は2015年、元Tesla社の暫定CEOであるマイケル・マークス氏らによって設立された、テクノロジーを用いた建設会社です。創業からわずか3年で、ソフトバンク・ビジョン・ファンドを中心としたベンチャーキャピタルから巨額な出資を受け日本でも話題となりました。この投資金額はいまだに建設テックとしては最大規模と

なりますが、その３年後にKaterra社は破産申請をします。事業内容を一言で表現すれば、垂直統合型の建設会社です。通常建設業は1社で成り立たず、営業、設計、施工、維持管理と続く建設のバリューチェーンには多くのプレーヤーがいますが、Katerra社はそれらをすべて自社でコントロールすることで建設業に変革をもたらそうとしました。かつてあったKaterra社のホームページには次のような5つの特徴が並んでいます（翻訳は著者によるものです）。

1. End-to-End Integration

Katerraは自社だけで建築を建てられる体制を有しているからこそ、プロセスをテクノロジーにより最適化することができます。

2. Technology & Data

建物のライフサイクル全体でテクノロジーを活用することで、プロジェクトの初期段階から建物の完成までの生産性を向上させることができます。

3. Productized Design

建築部品を繰り返し使える製品として製造し、現場での組み立てを効率化するための設計を行っています。

4. Offsite Manufacturing

部品の完成度を可能な限り工場環境に押し上げることで、より高い生産性を実現します。

5. Supply Chain Control

材料、物流、労働力を総合的に管理し、さらなるコスト削減とオ

ペレーショナル・エクセレンスを推進します。

　Katerra社は自らのことを「テクノロジーに最適化した建設会社」だと言っています。ここで示した5つの項目は、McKinsey社の9つの変化と非常に酷似しています。Katerra社は実態がどうであったにせよ、今後確実に来ると予想されている時代に合わせたテクノロジーを開発していたと言えるでしょう。ピーク時は9カ国で8000人を超える従業員がいたとされ、設立からたった数年で日本の建設会社は一瞬で抜かされたようにも見えます。創業者のマイケル・マークスはもともと電気機器の製造会社Flextronics（現：Flex）社のCEOで、同社にて会社の買収を繰り返すことでサプライチェーンの垂直統合を実現して成功しています。Katerra社は建設業を製造業のようにしようと考えたのでしょう。設計事務所の買収や部材を自動生産する工場に巨額投資をしたほか、CLT（直交集成材）については柱・梁・床・外壁などのプレファブリケーションを実現するため2019年に巨大な工場を建設しています。

Katerra社破綻理由の分析

　Katerra社はなぜ破産したのでしょうか。様々な情報を総合して私なりに分析し、3つの論点を示したいと思います。

　1点目は、これまでの建設業の発展とは全く異なる方法で成長していることです。Katerra社のサイトを見ると、建物の造り方ばかりがPRされていることに気が付きます。建設業は、使う人の目的に沿って建物を提供するのが存在意義ではないでしょうか。実際、かつての建設業のイノベーターたちも、時代の変化に合わせて必要な建築を建ててきました。もちろん米国も同様であり、建設会社の

サイトにいくと、どういった建物を建てたのかなどプロジェクトの紹介が最も充実しています。

ところがKaterra社は、自分たちの作ったデジタルプラットフォームや工場、そして工法こそが製品であるとPRしています。正直、建物を使うユーザーから見たら造り方はどうでもよいはずです。自社の特徴を出そうとし過ぎて建設業としての本来の目的を見失っていたのではないかと思います。

２点目は、技術に対するスタンスの違いから、建設業の経営スタイルが逆行していたことです。ニーズに合った建物を建てるために「建設技術」が進化し、生産性を向上するために「建設テック」が登場しました。技術は道具といいますが、建設会社はプロジェクトマネジメントに集中し、プロジェクトのリスクを下げるために建設技術や建設テックを使うのです。プロジェクトで実際に技術を使うことでそれらを大きく発展させてきましたが、技術の発展はあくまで副次的なもので、建設会社の本来の役割はプロジェクトマネジメントです。

Katerra社は建設会社にもかかわらず、建設技術はもちろん建設テックすら垂直統合することにこだわっていたように見えます。計画から竣工まで、全体のプロジェクト管理を実施するデジタルツール「Apollo（アポロ）」を開発し、商用化もしていたようです。商用化するには大量のIT人材が必要になるはずです。一見効率良さそうに見える垂直統合スタイルですが、すべてを自社で賄うという経営スタイルは、本社と現場組織といったシンプルな持たざる経営スタイルで成功してきた建設業の姿とは逆行しています。

　3点目は、Katerra社が建てる建物に魅力を感じにくい点です。実際どうであったかというより、そういった傾向になってしまうということです。垂直統合で工場を持ったということは、モジュール設計（標準化された部品を組み上げる）が進んでいると考えられます。もちろんそれ自体は決して悪いことではないのですが、当然ながら成果物となる建築にはパターンが生まれ、どの建造物も似たような建築になることが容易に想像できます。施主から見れば、「多額な投資をするにもかかわらず制約が多く妥協する必要があるなら、Katerra社に依頼したくない」と考えるのは当然のことでしょう。施主からすると建造物の造り方に関心はなく、金額が大きく下がるのであればもちろんメリットを享受することはできますが、相当な価格差が必要と思われ、そうなると経営面で苦しくなります。

ハウスメーカーとの共通点

　Katerra社は垂直統合での提供にこだわり過ぎたが故に、商品の魅力が下がってしまったのではないか、と指摘すれば、ここに一つの疑問が湧きます。日本のハウスメーカーという業態です。完全な垂直統合ではないものの、ハウスメーカーは戸建て住宅をシリーズ化し、モジュール設計と工場を用いた標準化を行っています。会社によっては営業と設計を同じ人が実施するほど標準化が進んでいます。フロントローディングが進んでおり、工事現場で失敗をしなければ、利益率はおおむね30%以上を確保できる、建設業としては高利益かつ安定していることが特徴です。ハウスメーカーは名前の通り「メーカー」なのです。

　Katerra社はハウスメーカーの取り組みを大規模建築で実施しようと考えたのでしょうが、戸建て住宅と大規模建築ではプロジェク

トの複雑性が全く異なります。戸建て住宅は規模が小さくある程度工程もシンプルで、関わる協力会社も少なくて済みます。そのため工事現場には施工管理者が1人もいないといった状況もあるぐらいです。一方の大規模建築は、毎日調整することが山積みです。そのため複数人の施工管理者が常駐してプロジェクトマネジメントを実施するスタイルを取るのが普通です。関わる会社を少なくしたところで、結局実施するのは人と考えると、コミュニケーションコストが減るわけではありません。

　Katerra社は垂直統合にこだわった結果、標準化する範囲が広くなり、あらゆるパターンに対応しなければならなくなったのではないでしょうか。もちろん、パターンが増えても標準化が不可能というわけではありません。そうした仕組みを建設業に提供する事業なら成立したかもしれませんが、自社が建設会社となると、単なる生産工程の話であり、顧客には関係のない話になってしまいます。

　Katerra社の破綻は先行投資に対して売り上げの拡大が追いつかなかったのに加え、ファイナンスの後ろ盾にしていたGreensill Capital社も破綻したことで財政的に苦しくなったことが直接の要因と言われています。ただ破綻の本質は、建設業としての差異化ポイントを顧客目線で構築しなかったからではないかと考えます。Katerra社の経営陣に建設業出身の人はいませんでした。設立前に日本の有識者と意見交換らしきものがあったと聞いていますが、その際、有識者たちは「難しいのでは」と回答したそうです。

　Katerra社の存在と破綻は、建設テックとは何か、建設という行為の価値は何かを改めて考えさせられる事例だと思います。

Katerra 社が取り組んだ生産性向上のための標準化は、建設テックのスタートアップにより推進すべきだと考えます。標準化が進み、建設会社による建設テックの採用が増え、そうすれば市場の成長が見込め、スタートアップへのベンチャーキャピタルの投資も増える。そうした循環をつくっていくことで、建設業界と建設テックが成長するのだと思います。

3-1-2 Vertical SaaS への期待

　建設テックが盛り上がりを見せているもう一つの要因は、「Vertical SaaS」であることです。Vertical SaaS とは何か、なぜこれに期待されているかを理解していただくために、SaaS の説明から始めます。

　本書では、一般消費者向けではなく法人向けのクラウドサービスを「SaaS」（Software as a Service）と呼びます。SaaS は一般消費者向けのサービスと比較して、すぐに売り上げが立ちやすく単価も大きいという特徴があり、投資に対する ROI（費用対効果）が見えやすいビジネスモデルです。かつ、マーケットを広げやすいという特性もあり、様々な指標を見ることで先行きが見通しやすく、投資対象として優良なのです（「［COLUMN］SaaS の指標」参照）。

　ただ、多くの SaaS が登場したことで、分野によっては既に飽和状態になっています。会計やチャットなど、どの会社でも必要となるサービスを提供する「Horizontal SaaS」は、非常に競争が激しくなっています。一方で、特定の産業に特化したサービスを提供する「Vertical SaaS」は、まだまだこれからの分野です。「Vertical

SaaS」はニッチなものが多いものの、マーケットによっては独占できる可能性が高くなります。特定産業に限定するため、その産業に実際にいた人ではないと分からないことも多く、プロダクトを作るだけで参入障壁になります。建設テックは代表的なVertical SaaSで、投資家はそうした点で注目し、多くの投資が集まり盛り上がっているのです。

COLUMN SaaSの指標

　SaaSをビジネスとしての視点で見るにはいくつかの指標を理解しておく必要があります。「MRR」(Monthly Recurring Revenue：月次経常収益)という指標は、サブスクリプションと呼ばれる定期購買型の仕組みにおいて、毎月の売り上げを示しています。例えば、先月SaaSを開始し、初月10万円の契約が取れ、今月新たに20万円の契約が取れれば、今月からMRRは30万円になります。毎月積み上げで売り上げが伸びていくので、ある程度のMRRになると、次に大事なのは解約率です。業界では「チャーンレート」と呼びます。例えば100社活用していて1社が解約したらその時点でのチャーンレートは1%となります。

　SaaSにとって最も大事なのが「LTV」(Life Time Value)と「CAC」(Customer Acquisition Cost)という考え方です。LTVは顧客生涯価値のことで、1顧客から契約期間中にもたらされる利益の平均値を表す指標です。例えば1社の平均契約期間が15カ月で、平均の月額金額が10万円であれば15カ月×10万円でLTVは150万円となります。もしくは「ARPU」(Average Revenue Per User：1顧客当たりの

平均単価）÷ チャーンレートでも算出することができます。CACは
1顧客当たりの獲得コストで、獲得した後はLTVの売り上げが約束
されているSaaSに対して、どのぐらいの販管費がかかるのかを示
しています。このLTV/CACが3以上になると優良なSaaSといわれて
います。

　LTVを増やしてCACを下げるといった当たり前の理論になるので
すが、逆にチャーンレートが低くLTVが高いのであればCACをもっ
と増やしてでも売り上げを上げるという選択肢があります。LTVと
CACはさらに分解して様々な指標として示すことができます。

建設テック市場をけん引するスタートアップ

　現在の建設テック市場をけん引しているのはスタートアップで
す。売り上げや会社の規模で見ると昔から建設テックを提供してき
た企業（既存企業と呼ぶ）のほうが大きいのですが、成長スピード
に大きな違いがあります。スタートアップは大きなリスクをとって
新しいチャレンジをし、良いサービスを作ることにリソースを集中
することが可能であり、結果として、既存企業のリプレースが起き
たり、これまで誰も気づかなかった市場を生み出したりしているの
です。ほとんどの既存企業は稼いだ利益を基に投資して着実かつ確
実な成長を目指します。リスクは小さいですが、大きく成長するに
はそれなりに時間がかかります。

　一方のスタートアップは、短期間での成長を目指します。売り上
げがゼロでも大きな成長が見込めればベンチャーキャピタルから投
資を受け、その投資を基にリソースをつぎ込んで新しいビジネスモ

デルを構築したり、新技術を開発したりします。新しいビジネスモデルはもちろん、新技術の開発は成功が約束されておらず、当たるも八卦当たらぬも八卦の世界です。

　それだけを聞くと「既存企業だって新しいサービスを出すことはできるし、投資金額だって潤沢にある」と指摘する人がいますが、実績のある企業だと、現実はなかなかうまくいきません。例えば、新しいサービスを出すとなったとき、既存のサービスと内容がぶつかるケースなど多々あります。社内でエース級の人材を集めてサービスの立ち上げにアサインすれば、既存事業の担当者とのあつれきが生じますし、そもそも新規事業は優秀な人が手掛ければ必ずうまくいくとは限らず、その事業にかける情熱や意志などが重要になってきます。

　スタートアップは、熱意のある起業家や創業メンバー数人が立ち上げて引っ張っていきます。時には見切り発車で無謀だと思われる意思決定を重ね、成功と失敗を高速で繰り返しながら立ち上げていく、そんな世界です。時間もお金もすべて一つのことに投下できるのがスタートアップの強さの源泉であり、既存企業にはなかなかできないからこそ、ここまでスタートアップの世界が盛り上がっているのです。

スタートアップを支えるベンチャーキャピタル

　この盛り上がりを支えているのがベンチャーキャピタルです。ベンチャーキャピタルから建設テックへの投資額は2009年から60倍近くになっており、これは他分野への投資が10倍にもなっていないところから見ると驚異的な数値です。

　スタートアップの成功には、大きな市場とタイミング、そして適切なプロダクトが必要です。建設テックにこの３つがそろい出したのはここ数年であり、だからこそ建設テックへの投資が進んでいるのです。

　建設業は世界のGDPの10％を占め、13兆米ドル規模の巨大マーケットです。国内においてもここ10年は50兆〜60兆円の市場で推移しており、企業数としても50万社近くが存在しています。タイミングとしては、iPadやiPhoneなどのデバイスが建設業と相性が良く、非常に普及したことで、テクノロジーを使う土壌がそろったという点でポジティブです。適切なプロダクトは起業家をはじめとした企業努力が必要になります。

　建設テックのサービスを作ろうと思うと、プログラミングやユーザーインターフェース（UI）、事業や組織など幅広い知識はもちろんのこと、建設業への深い理解と俯瞰的に見る視点がとても大事になってきます。当然これらすべてを兼ね備えた人間はいないのですが、近年はスタートアップも市民権を得てきて、大企業から転職したり起業したりする人が増えています。建設業でもスタートアップで挑戦したいと思っている人は多く、こういった方が建設テックを作る側に回ると、適切なプロダクトを提供できる機会は増えていくと思います。私の周りでもゼネコンに長らく勤めていながらスタートアップに挑戦する方がちらほらと現れており、スタートアップへの期待と盛り上がりを実感しています。

　生産性向上や建設プラットフォームへの期待が高まっているのに対し、まずは建設業の中でも特定業務やセグメントに特化した

Vertical SaaSを提供するスタートアップは今後も増えていくと予想されます。もちろんそれに合わせて投資するベンチャーキャピタルも出てくるでしょう。今後はよりその流れを加速させる必要があり、そのためには、建設テックが魅力的なことを伝え続け、建設業は有益なテクノロジーを見切り発車でもどんどん採用し活用してもらいたい。そうした動きが出てくれば、建設テックのスタートアップはより一層増え、建設業の生産性向上のスピードも上がると思います。

10年前と比較すると日本のスタートアップの数は爆発的に増えていますが、建設テックに関しては、スタートアップの数はまだまだ少ないと思います。幅広い課題解決が必要となる建設業では、産業特化とはいえ、よりニーズを深掘りしたVertical SaaSやテクノロジーが必要です。また、健全な競争は全体のレベル向上につながります。大きな市場とタイミングがそろっているにもかかわらず、数えられるぐらいしか建設テックのスタートアップが登場していないのは課題です。

現在は建設テックの勃興期

スタートアップの数が増えていると書きましたが、ベンチャーキャピタルが投資するリスクマネーの総額は、世界と比較して日本は圧倒的に少ないのです。例えば、2019年に米国では10兆円を超える資金がスタートアップに流れていますが、国内では4000億円にも届いていません。また、起業家も少ないという指摘があります。単純に数が多ければいいわけではありませんが、100の中から1つを選ぶより1万の中から1つを選んだほうがクオリティは高いですし、健全な競争が成長を促します。

　ちなみに、建設テックのスタートアップとベンチャーキャピタルの構図は今に始まったことではなく、大きくなった建設会社には黎明期に必ずといってよいほどパトロンのような存在がいました。当時その資金源をフル活用することで、建設会社の黎明期、勃興期を生き抜き、売り上げ数千億円を超える大企業へと成長します。見逃してはいけないのは、建設会社の成長を支えたのは資金だけでなく、建設技術も重要な役割を果たしたことです。発展した建設技術があり、それを活用したからこそ、建設会社は大きな成長を遂げることができたのです。建設テックも同様のことが起きていくと思いますし、スタートアップやベンチャーキャピタルの動きというのは、建設業で働く人々にとっても人ごとではありません。

　建設テックの主流になっていくと思われる建設プラットフォームは、必ずしも一つではないと思います。今が建設テックの勃興期であるとするなら、現在のスタートアップの中から建設業を代表する企業が数社生まれてもなんら不思議なことではありません。もちろん、そこまで到達するには、建設テック自体が建設行為に大きな影響を及ぼすぐらいまで良いソリューションになっていく必要はあります。半世紀後の未来から現在を見たとき、建設業に必要不可欠な新しいテクノロジーの芽吹きが感じられる、そして建設業の黎明期と同じく建設テックの勃興期、そんな時代に見えるのではないでしょうか。

3-1-3 日米による建設テックの広がり方の違い

　建設テックのスタートアップは日本だけではなく世界中で盛り上がり、米国を中心として様々なサービスがたくさん生まれています。

第2章で紹介したPlanGrid社はその代表格です。2011年に創業しY Combinator社という有名アクセラレーター（スタートアップを支援する団体）に入り、瞬く間に2019年にはAutodesk社に1000億円近い価格でM&Aされました。米国はそもそもスタートアップの総量が多いということもありますが、BIMの初期普及率を見ても日本より米国のほうが高く、一般的なITツールも日本より米国のほうが早く広がることから、建設テックサービスも米国が先行すると思います。

米国と日本の違い

　米国と日本では、建設業の構造が異なります。一般に、日本で建物を建てる場合、まずはゼネコンに依頼します。そしてゼネコンは協力会社を集め、1次の協力会社がさらに資材や職人の調整をします。いわゆる多重下請け構造で、2次請けも必要に応じて3次、4次と人集めをします。よく「多重下請け構造は悪なので建設テックの力でなんとかする」といった声もありますが、私個人の意見としては決して多重下請け構造が悪とは思いません。建設業の仕事には季節変動があり、かつ「持たざる経営」が基本スタンスの中で、自社で職人を抱え込むことなく固定費を抑え、収支を調整することで建設業はこれまで繁栄してきました。そのため、テクノロジーの力で中間を飛ばしてダイレクトで受発注するというのは聞こえが良いものの、現実にはいろいろな問題があり、すぐにできるとは思えないのです。

　日本の多重下請け構造に対し、米国はスター型と表現できます。これは、日本のゼネコンのように元請けがいてそこがすべて仕切るのではなく、建物のオーナー側にコンストラクションマネジメン

ト（以下、CMr）という役割の人がいて、そこから設計や見積もり、施工といった関連職種に仕事を割り振ります。そのため、日本よりは各コストの透明性が担保されていますし、発注した後にブラックボックス化せずに施主側が有利になります。日本ではゼネコンが様々な部分を調整してくれるため、どちらが良いというわけではありません。CMrは最近では日本でも少しずつ事例が出てきており、近年だと北海道日本ハムファイターズの新本拠地となる北海道ボールパークで採用されています。

　この項の冒頭で、「建設テックサービスは米国が先行する」と書きましたが、それはなぜなのでしょうか。推測ですが、恐らく導入する側のインセンティブが関係していると思います。

　日本はインセンティブが働かないとなりますが、その理由は、建設テックの導入費用をどうやって拠出するかにあります。日本のゼネコンが建設テックを導入して生産性向上を進めようとしても、建設プロジェクトの費用を使うわけにはいかないのです。建設プロジェクトの費用は施主が払っており、その費用を使って建設会社の生産性向上のためのITツールを入れようとすると様々な説明が必要になってくるからです。基本的には自社の管理費から捻出しますが、そうなると当然のことながら、個々のプロジェクトより自社組織に目が行きがちです。しかし、生産性向上は建設プロジェクト全体を通して実現されるものなので、このねじれが日本で建設テックの普及がスローペースになっている要因だと思われます。

　一方で、米国のスター型の組織では導入のインセンティブが働きやすいです。全体を取り仕切るCMrは、いかにプロジェクトが効

率良く進むかを重視します。また、複数の会社とのコラボレーションが必要であるため、CMr自身はITツールを導入したほうがはるかに動きやすいのです。顧客側に立っているため予算もつきやすいということもあるかと思います。

　前述した建設テック企業Procore社の上場時の目論見書には、「PROCOREにログインした60%以上が共同作業者であり、共同作業者は潜在顧客となり将来のプロジェクトでPROCOREを導入したり広めたりする可能性がある」との記載があります。これは課金体系をプロジェクト単位にして発行IDを無制限にしたことで、導入した企業はそこに他社を気軽に招待して一緒に仕事を進めているという構造です。

　PROCOREユーザーの60%は契約していない他社ユーザーであり、そこから別のプロジェクトにユーザーが移動して今度は導入するかもしれません。恐らくですが最初の巻き込みはCMrが基点となり、PROCOREの上でコラボレーションがどんどんと進んでいく、米国ならではの広がり方と言えるでしょう。これはBIMにも当てはまると思います。様々な情報が付加されるBIMは、複数の職種でコラボレーションすることで真価を発揮しやすいのです。そのため、BIMもCMr体制のほうが広まりやすいと考えられます。ゼネコンがリードする日本では、BIMの利用が設計にとどまっているのはこのあたりに原因があるのではないでしょうか。

コンウェイの法則

　産業構造が異なると、当然ながら機能にも大きな違いが出てきます。建設業向けのサービスであればそこまで変わらないと思われが

ちですが、実際、国内でもゼネコン向け、工務店向け、インフラ工事向けなど用途によってソフトウエアの機能が違っています。これについては、IT企業で知られる「コンウェイの法則」があります。組織がシステム開発を行う際、その組織の構造とシステムの構造は同じになるという法則です。例えば、最初は全員で一つのチームだったものの、それだと効率が悪いので機能ごとのチームに分けて開発するとします。そうすると面白いことに、機能も縦割りとなり、その機能単位で少しずつ要件が違ったりデザインが変わってきたりと個別最適化になるのです。これを逆手にとって、作りたいシステム構造と同じ組織構造にするといった「逆コンウェイの法則」も考えられているぐらいです。これはソフトウエア開発の例ですが、この理論が建設テックでも当てはまり、ゼネコン、工務店、インフラ工事向けなどによって、建設テックの機能が異なるのです。

建設テック市場はローカル色が強い

　日本はそもそも米国と比較すると広まりにくい構造（全体を取り仕切るCMrがいない）であり、海外で普及したサービスも日本の組織構造に合わず（「コンウェイの法則」により）、日本の業務のやり方に合わせたローカル色の強いサービスがスマートデバイスの普及とともに提供されるようになって、大きな飛躍を遂げつつある状態だと思います。

　ちなみに、ローカル色が強いのは日本に限った話ではなく、米国をはじめ世界の建設テック市場は割とローカル色が強いです。一般的なコンシューマー向けのサービスとは異なり、建設業という重厚長大かつクローズドな環境のため、各国で契約や法規制が異なり独自文化が形成されているからだと思います。

　そのため、米国の建設テックサービスは簡単に日本に入ってこないですし、逆に日本のサービスもグローバル展開するのは容易ではありません。しかし自国のマーケットで勝ち切った建設テック企業は、当然ながら目指すはグローバルなので、日本にも既に入ってきているサービスが多々あります。私としては、クローズド×ローカルな旨味がある産業特化のVertical SaaSこそ、GAFAのような海外企業に覇権をとられたくないと思いますし、逆に日本の高度なプロジェクトマネジメントを輸出できるチャンスなのではないかと思います。私の経営しているフォトラクションも含めて、世界に向けて日本勢も頑張っていければと思っています。

3-1-4 世界で加速する建設テック

　「Vertical SaaSだからこそ世界にとられたくない」と言いながら、既に大きな差が開いてしまっているのが現状です。国内でなんとかローカル性を武器に戦ってはいるものの、日本人は海外のテクノロジーに引き付けられる傾向があり（かくいう私もそうですが）、海外のサービスに国内市場を席巻される状況になってもおかしくありません。特に米国では、Procore社やPlanGrid社を筆頭に建設テックの層は厚くなっています。そもそもスタートアップの数も違いますし、資金供給量も桁違いです。

図面管理サービス分野の状況

　テクノロジー全体を見たら特定業界に特化した建設テックはニッチですが、マーケットポテンシャルが少しでも感じられれば次々と競合が入ってきます。事実、PlanGrid社が図面管理サービスとして参入した後、同分野に多くのサービスが参入しました。例えば

2013年に米国サンフランシスコのFieldwire社が提供したサービスは、PlanGridと同じように、従来の建築図面にタブレット上で様々なデータを付加できるクラウドサービスです。世界で100万を超える工事現場で使われており、ベンチャーキャピタルから数十億円の規模で資金調達を行っています。PlanGridのリリースは2012年ですので、類似サービスである2社は激しい競争をしたのではないかと予想できます。もちろん、そのほかにもたくさんの類似サービスが生まれては消えるということが繰り返されました。

　日本の図面管理サービスはPlanGridを参考にCheX、TerioCloud、SpiderPlusなどが生まれ、今でも競争をしていますが、これ以外の強力なサービスはここ数年生まれていません。ベンチャーキャピタルから出資を受けたのはSpiderPlusだけで、その額は数億円と言われており、これだけでも米国との差を感じます。誤解を生まないように記載しますが、調達金額が大きければすごいわけではありません。成長に必要な金額を投資してもらうのであり、成長するのに少しの金額しか必要ないなら、非常にパフォーマンスの高い経営をしていると言えます。もちろん、黎明期に多額のコストをかけてグローバル展開していたら状況は変わっていたかもしれない、という話もあるかもしれませんが、答えは誰にも分かりません。ここで言いたいのは、当時国内で建設テックに数十億円、数百億円と投資できるベンチャーキャピタルがいたかということで、スタートアップのエコシステムの課題ということもあります。

　ちなみにFieldwire社はPlanGrid社がAutodesk社に買収されたのち、2021年に建設業向けの工具などを扱うグローバルメーカーのHilti社に買収されます。買収金額は3億米ドルで、国内のM&Aの

ディールであれば上から数えるほうが早い規模であり、建設テックのスタートアップが数億米ドルで買収されるという点で見ても、日本よりも建設テックへの認知が高い状況だと言えます。

建設テック専門のベンチャーキャピタル

　米国での建設テックの盛り上がりを象徴する出来事として、建設テック専門のベンチャーキャピタルの存在があります。通常ベンチャーキャピタルは、投資対象を広げ過ぎるとやみくもに投資することになってしまうため、テーマや会社のステージ、得意分野を絞ってそこに集中投資をすることでベンチャーキャピタルとしての競争優位性を築いています。多くは「インターネットサービス」といった大きな括りの中で、シードやシリーズA、Bなど会社の成長ステージに合わせてテーマを決めるベンチャーキャピタルが多いです。近年は日本でもECであったり環境課題だったりと、よりテーマを絞ったベンチャーキャピタルも多くなってきましたが、米国では早い段階から建設テック専門のベンチャーキャピタルが登場しました。

　日本では、大林組が建設テック特化型のベンチャーキャピタルにLP出資をしていて、少し話題になったのでご存じの方もいらっしゃるでしょう。LP出資というのは、ベンチャーキャピタルがつくるファンドを通じた投資のことで、自社で投資するのではなくファンドに投資してそこから再投資するといったやり方です。ベンチャーキャピタルは自社だけで多額のお金を集めることはまれであり、ほとんどはLP出資を募っています。

　大林組がLP出資した建設テックに特化したベンチャーキャピ

タルの一つがBuilding Ventures社です。このベンチャーキャピタルは、WeWork社に買収された建設業向けSaaSのFieldlens社や、Google社に買収（のちにTrimbleに売却）された3次元ツールSketchUpなどに投資しています。大林組がLP出資したもう一社はBrick & Mortar Ventures社です。こちらは100億円規模の大型ファンドで、世界有数の米国ゼネコンBechtel社の創業一族によって設立されたベンチャーキャピタルです。投資先にはPlanGrid社に加え、Autodesk社に3億米ドル近い金額で買収されたBuilding Connected社、建設データの分析ツールとして急成長しているRhumbix社、さらには上記で紹介したFieldwire社、BuildZoom社、ALICE Technologoes社など、まだ日本では無名ですが米国において有名な素晴らしいサービスを提供する企業が名を連ねています。

　日本でも2019年にマンション大規模修繕事業を行う建設会社カシワバラ・コーポレーションが「JAPAN CON-TECH FUND」と呼ばれる50億円規模の建設テック特化のベンチャーキャピタルを設立しました。ベンチャーキャピタルの仕事は結果が出るまで通常10年かかるといわれており、今後も世界で加熱する建設テック企業への投資の中で、どのような成果を生み出せるのか期待したいところです。

まとめ

(1) 2014年から2019年にかけて建設テックのスタートアップへの投資額は250億米ドルになっている。大きく「標準化の推進」と「Vertical SaaSへの期待」が盛り上がっている要因である。

(2) 今後、建設業に起きる変化として、McKinsey社は9つの変化を示した。それは、「Product-based approach（製品ベースのアプローチ）」「Specialization（専門性）」「Value-chain control and integration with industrial-grade supply chains（バリューチェーンの管理とサプライチェーンの統合）」「Consolidation（産業統合の推進）」「Customer-centricity and branding（顧客中心主義とブランディング）」「Investment in technology and facilities（テクノロジーと工場への投資）」「Investment in human resources（人材への投資）」「Internationalization（国際化）」「Sustainability（持続可能性）」がある。

(3) 変化に対して、自らテクノロジーに最適化した建設会社になろうとしたKaterra社というスタートアップがある。設立3年で多額の資金調達をして話題になったものの、生産性向上だけを求め建設業としての差異化が難しかったのか破綻した。

(4) SaaSはビジネスモデルとしてもROI（費用対効果）が読みやすく、ベンチャーキャピタルも非常に多くの資金を投資している。汎用的にどの会社も活用するSaaSは飽和状態になってきており、建設テックなどの産業特化型であるVertical SaaSに注目が集まっている。

(5) スタートアップの成功のためには大きな市場とタイミング、そして適切なプロダクトが必要である。建設テックはすべてがベストな状況でそろっている。

(6) 世界では建設テックに特化したベンチャーキャピタルが出てく

るなど勢いは加速している。一方で建設テックはローカル色が優位に働くため日本のVertical SaaSは世界に負けず盛り上げていけるのに加えて、日本の高度な建設業のプロジェクトマネジメントを輸出できるチャンスでもある。

3-2 建設DXの進め方

　近年、DXという言葉がバズワードになっています。デジタル化が進んだ結果、事業や組織の構造が大きく変革することを指しています。建設業においても聞かない日がないぐらい広がって来ています。建設テックが推進されたその先、建設業のDXを考えた時、建設会社はどのようになっているでしょうか。私は産業のデジタル化が進んだ結果、「デジタルゼネコン（Digital General Construction：デジタル総合工事会社）」という新しい姿の建設会社が誕生すると考えています。そしてデジタルゼネコンと、現在の定義の枠組みにある建設会社が協力をし合うことで生まれる産業の形こそが、私は建設DXだと考えています。順番に説明しますが、まずは、曖昧さが残るDXの正体から解き明かしたいと思います。

3-2-1 DXとは何か？

DXの定義

　DXという言葉が最初に使われたのは、2004年、当時スウェーデン・ウメオ大学の教授だったエリック・ストルターマン氏の「Information Technology and the Good Life」という論文です。そこからドイツのIndustry 4.0や日本のSociety 5.0、サイバーフィジカルシステムなど似たような状態を表す言葉がたくさん生まれています。これはそもそもの論文の中で、DXを「ITの浸透が、人々の生活や社会構造、ビジネスなどあらゆる面でより良い方向に変化させる」と、かなり広い意味でとれる曖昧な言葉だったというのも理由の一つでしょう。

　日本では経済産業省が「産業界におけるデジタルトランスフォーメーション（DX）推進」と銘打って、DXに関する調査や関連する様々なドキュメント類を公開しています。その中でのDXの定義は「企業がビジネス環境の激しい変化に対応し、データとデジタル技術を活用して、顧客や社会のニーズを基に、製品やサービス、ビジネスモデルを変革するとともに、業務そのものや、組織、プロセス、企業文化・風土を変革し、競争上の優位性を確立すること」とされています。

　要は、「テクノロジーが浸透することによってデジタル化が進んだ結果、対象がより良い姿に変化していく」という意味になると思います。ただ、この説明では何をしたら良いか分かりません。そこで経産省はDXガイドラインの中で、DXの前に2つのステップとして「デジタイゼーション」と「デジタライゼーション」を設定しています（**図表3-1**）。デジタイゼーションは「アナログ・物理情報の

	STEP 0 未着手	STEP 1 デジタイゼーション	STEP 2 デジタライゼーション	STEP 3 DX
一般的な定義	非デジタル	アナログ・物理情報であるビジネスツールのデジタル化	業務オペレーションであるビジネスプロセスのデジタル化	事業や組織構造、ビジネス自体の変革
提供価値	－	イマよりも短い時間で仕事ができる	イマよりも安く高い品質で事業活動が可能となる	イマとは異なる新しい事業や組織のモデルが構築できる
手法	－	人間がやっているタスクの一部をデジタルに移管する	ノンコア業務にかけているコストを別の場所に移管する	必要なデータをいつでも好きな形で取り出せるようにする
検討事項	－	技術者の工数を下げるためにどのようなUIで機能を開発するか	少ない人と短い時間、高い品質で業務を可能とするプロセスの構築	周辺領域との協業や新しい技術の選定と定義

図表3-1
出所：経済産業省『DXレポート2　中間取りまとめ』

デジタルデータ化」、デジタライゼーションは「個別の業務・製造プロセスのデジタル化」と定義されており、これらの先にDXを実現できると定義しているのです。それでは建設業に当てはめるとどのようになるのか、見ていきたいと思います。

第1ステップ デジタイゼーション

まず「デジタイゼーション」です。これはアナログ・物理情報のデジタル化であり、現実世界のものをどのようにデータ化するかという視点になります。つまり、何かしらの形でアナログなものをデジタルデータにすればデジタイゼーションといって問題ないと思います。例えば図面で考えると、紙で見るのではなく、iPadなどで見られるようにすることです。既に実施している方は多いと思いますが、これも紙の図面というアナログからデジタルデータになっているのでデジタイゼーションです。最近では工事現場で使う黒板をデジタル化し、写真撮影する際にアプリケーション上で電子小黒板を表示するなどの機能がありますが、これも物理情報のデジタル化なのでデジタイゼーションの一つと言えます。

建設業にはまだまだアナログで管理されているものが多いので、デジタイゼーションを進めるだけでも実はかなりの効果があります。前章でも紹介した通りスマートデバイスの普及によってITツールが数多く生まれてきています。それによってデジタル化できるアナログ・物理情報は多くなってきており、積極的に導入することで効率化が進むことが期待されます。

第2ステップ デジタライゼーション

　次は「デジタライゼーション」です。デジタイゼーションより少し分かりにくい面があるのですが、これは業務オペレーションであるビジネスプロセスのデジタル化を示しています。先ほど挙げた図面と黒板を例に説明します。

　紙や現実の黒板をデジタル化することがデジタイゼーションであれば、デジタライゼーションはそれを使った業務そのものをデジタル化することです。例えば、工事現場で黒板を作る際、図面をはじめ数多くの情報を参照します。その際、単に物理的な黒板からデジタル黒板に変わっただけで、必要な情報をこれまで通り人が読み取って黒板を作るなら、デジタライゼーションは実施されていません。そうではなく、図面から自動的に必要な情報を読み取り、それらをデータベースに格納し、黒板を作るときはそのデータベースからデータを取り出して黒板を自動作成する。これがプロセスの自動化、デジタライゼーションです。

　デジタイゼーションなくしてデジタライゼーションは成り立ちません。ペーパーレス化を進めるために様々なツールを導入してみたものの、結局は紙に戻ってしまったという失敗話を聞くことがあります。それは、紙をデジタル化しただけであり、今まで紙に書いていた情報を単にツールのうえで行うだけになってしまっていることが原因だと思われます。もちろん個人で使うメモ書きなどであれば、タブレットとタブレットペンを使って今まで紙に書いていたものをツールで書くだけでも便利だと思いますが、業務では様々な要素が絡むこともあり、一概にデジタルにしたからといって便利になるわけではありません。そのため、その紙に書く情報を自動的に取

得して入力されるといったデジタルならではの便利さ、つまりプロセスのデジタル化がないとせっかく導入したツールも使われなくなってしまいます。

第3ステップ DX

　そして最後のステップが「DX」です。DXは、デジタイゼーション、デジタライゼーションの先にある事業や組織構造、ビジネス自体の変化を指しています。デジタイゼーションとデジタライゼーションは何をデジタル化するかが具体的なのですが、DXでは抽象的になります。デジタライゼーションが進むと、様々なプロセスがデジタル化していくことになりますが、建設業の成果物は現実世界の建物であり、すべてを完全にデジタルにできません。また、大体のデジタル施策がデジタライゼーションで表現できてしまうことも多く、中長期目線であるDXがデジタライゼーションと大して変わらず、単にそれを進めるためのチームができるといった狭い範囲のものになってしまうことも多々あります。

　私は、DXは具体的に目指したり実行したりできるものではないと考えています。本書では、DXをビジョンや意志のようなものと捉え、デジタル化が進んだときに気が付いたら訪れる世界とします。では、どのような世界なのか、解説したいと思います。

3-2-2 建設業におけるDXへの取り組み方

　企業規模にかかわらず、ほぼすべての建設会社はDXを目指していると思います。もちろん立場に応じてということもあるので、自分は関係ないと思っている方もいれば、上司や社長からプレッ

シャーをかけられている方もいるでしょう。

DX推進の実情

　建設業で働く方々にとって、DXにどう向き合うかは立場によっ
て大きく変わってきます。例えば現場監督であれば、ITツールを
使って自分の作業がいかに効率化できるかがすべてであり、DXに
興味がなくて当然です。ものづくりの最前線にいる人たちからして
みたら、いかに良い建造物を造るかが大事になるため、IT化自体
は当たり前ですが目的ではなくて手段なのです。

　経営者やITを推進するチームの立場なら、全体最適を考える必
要があるため、部分的な効率化よりもいかにアナログな部分をデジ
タルにしてモダンな会社にするかを考えねばなりません。近年では
良い意味でも悪い意味でもDXという言葉が生まれたことによって
全体最適の傾向が高まってきていますが、DXを進める必要のある
立場からすると、何から始めればよいのか分からないのが本音では
ないでしょうか。とりあえず施工管理アプリを導入する、ペーパー
レスを促進してみるなど、「これで果たしてDXと言えるのか」と思
いながら進め、振り返って気が付くとIT化そのものが目的化して
いた、なんてこともあるのではないでしょうか。

現場の推進ストーリー①　登場人物

　では、「DXを推進する」とは何をすることなのか。ここで登場す
るのが「DXはビジョンや意志」という考え方です。最初に「建設
DXは目的でも手段でもなくビジョンだ」との共通認識をそろえる
ことこそ、DXを推進する最初の一歩だと思います。

図表3-2

　ここで説明を分かりやすくするため、3人の登場人物を通じて建設業のDXの進め方を説明したいと思います（**図表3-2**）。

　1人目は経営者の鈴木社長です。鈴木社長は世論（上場していれば株主）の声もありDXを自社でも進めたいと考えています。若手社員の採用においてもDXへの取り組みは影響しており、何も進めていない会社は古臭いと思われてしまうことも理解しています。

　2人目は、会社におけるIT推進担当チームに所属している田中部長です。田中部長はこれまでは会社のITツール導入やインフラ整備などを担当してきました。入社15年目で、これまでパソコンソフトからスマートデバイスのアプリケーションまで幅広く導入を進めてきました。鈴木社長からはDXを推進するように言われていますが、これまでやってきたIT推進とDX推進の違いに悩んでいます。

　3人目は現場担当の佐藤さんです。佐藤さんは工事現場の施工管理者として日々働いていて、タブレットが配備された時は少し懐疑的でしたが、今ではスケジュール管理やメールを中心にそれなりに便利に使っています。田中さんに新しいツールの使い方を教わると

きに、DXという言葉を聞いたぐらいで特に興味はありません。

　この３者は、会社の規模感や組織構成によって変わるものの、多くの建設業に当てはまる登場人物と関係性だと思います。それぞれの会社で適宜置き換えて読み進めてください。

現場の推進ストーリー②　IT推進担当者がDXでも中心

　この中で実行部隊としてDXを推進するのは、これまでもIT推進担当であった田中さんとなることがほとんどです。よって田中さんは、DXの定義や目標を定めることから始めます。しかし、これまでITを推進してきた際の目標との違いを生むことができず苦戦することになります。

　ここで思い出してほしいことは、DXはビジョンであり、DXの前にデジタイゼーション、デジタライゼーションの２つのステップがあるということです。ビジョンは長期で実現していくもので、実現したい世界観であり、たいていはあまり具体的ではありません。そのため、DXの定義にあまり時間をかけているといつまでもスタートできなくなるので、「まずはデジタイゼーション、デジタライゼーションの取り組みからスタートする」という共通認識をすり合わせることが良い進め方だと思います。特に経営者である鈴木社長は、とにかく早く実現したいという思いが強いため、しっかりとすり合わせを行いましょう。

　まずは、アナログや物理情報として取り扱っているものがあれば、それらをツールで扱うことでデジタル化します。田中さんはこれまでと同様に、社内でアナログな箇所を見つけてデジタル化できる

ツールを選定し、佐藤さんはそれらを使って良ければ続けるし、良くなければやめるといったように、これまでのIT推進と同様の活動を進めます。ITツール革命によって様々なサービスが出てきており、サブスク型のSaaSなら初期投資もなく役に立たなかったらすぐにやめればいいのです。これまで以上に現場担当である佐藤さんはスピーディーに検証していくことが大事で、これがDXにつながる最初のステップとなります。

現場の推進ストーリー③　要件定義が重要

　次に、プロセスのデジタル化であるデジタライゼーションです。近年はITツールが増えてきたこともあり、それらを積極的に導入する点においては、デジタイゼーションの取り組みとさほど変わりません。ただ、建設業の仕事は、単純に見えても、それぞれの仕事がほかのプロセスに関わっていることもあり、全体最適の視点で見ていく必要があります。

　特に田中さんの立場は様々なチームの板挟みになることが多いです。例えば鈴木社長が経営のプロセスにおいて、現場の利益率や課題をリアルタイムに可視化し共通項を見いだして全社的に対策を打ちたいと思ったとしましょう。そうなると、佐藤さんがいる工事現場の情報を取得しなければいけません。しかし、工事現場は刻々と状況が変化するいわば戦場のような環境であるため、なかなかリアルタイムに事細かく状況を伝えるのは至難の業です。

　そこで、ITツールが登場するわけですが、この場合、相当工夫をしないと経営者が欲しい情報が得られないばかりか、現場担当の佐藤さんの手間が増えてしまいます。例えば、利益率を求めるため

に、作業員の職種・人数、材料の数量、建機の運転状況などを記録したいとなった場合、佐藤さんになんらかの作業をしてもらう必要が生じます。そうして一生懸命記録したとしても実は鈴木社長はほとんど見ておらず、欲しい情報とは少し違ったということも起こり得ます。ここで大事なのは、一般に「要件定義」と言いますが、それぞれが何を求めているのかをきちんと聞くことです。

現場の推進ストーリー④ デジタライゼーションは独断で

デジタライゼーションはプロセスのデジタル化です。デジタル化とは標準化でもあるので、従来のやり方から変えることになります。受け入れてもらうには、デジタル化による恩恵がポイントになります。このフェーズで最も大切なのは、田中さんがそれぞれの要件をしっかりと聞きつつ独断することです。もちろん鈴木社長や佐藤さんの意見をしっかり聞くことが前提です。そのうえで、個別最適ではなく、それぞれにとって恩恵があるように全体最適を独自に判断するのです。

デジタライゼーションを進めていると、途中で「何か間違っているのではないか」と不安になることがよくあります。そのようなときは、一度、デジタイゼーションの観点に戻ってみるのを推奨します。そもそもデジタライゼーションはデータがデジタル化されていないと始まらないこともあって、一歩手前に戻って物理情報やアナログの部分がデジタルで管理できる体制になっているかどうかをチェックしてみるのは良いことです。そこができていないとデジタライゼーションも何もありません。そのため、実際はデジタイゼーションとデジタライゼーションは行ったり来たりしながら少しずつ対象範囲を広げていく進め方が良いと思います。

現場の推進ストーリー⑤　DXはビジョン、語るのは社長

そして最後はDXです。デジタイゼーションとデジタライゼーションが進んできたら、DXは自然と訪れる世界観であるビジョンです。そしてビジョンというのは、会社の中で誰もが語れるものではありません。正解や不正解がない世界でもあるのに加えて、それ自体が働く人たちの心をつかむものでなければいけません。さらに言うと、ビジョンはそうなりたいという思いであり、抽象的な概念で、長い期間をかけて追い続けるものでなくてはいけません。良いビジョンが作れれば、IT化の具体的な施策はすべてそれにひも付けることができるため、一つひとつの取り組みが一気に説得力を増してくるのです。

近年、会社経営においてパーパスと呼ばれる企業の存在意義を定義する会社が多くなってきています。DXはその一部だと思います。むしろミッション、パーパスのなかにDXっぽいものが含まれているといったほうが正しいと思います。これを会社の中で定義するには大規模な会社であるほど労力のかかる仕事になりますが、うまく言語化して伝えることができれば、それ自体がDXを促進して結果的に競争優位を持つことになります。

デジタイゼーションとデジタライゼーションはITツールを導入し、数値目標を設定したり費用対効果を計測したりすることで正当な位置付けにすることが可能でした。しかし今後は、建設プラットフォームの時代に入ることによって、ビジョンとしてのDXが求められます。自社はどのようなDXを目指すのかを、DXという言葉を使わずに表現する必要があると考えています。建設技術がある程度成熟化し、今後はテクノロジーによって企業間の競争優位性が生

まれていく中で、DX＝ビジョンという共通認識を持ち掲げること
は、これからより一層大事になってくると思われます。

　ビジョンを語るのは鈴木社長の役割です。これまで建設技術を中
心に見てきた建設業がいきなりデジタルに対してビジョンを語るの
は酷な話かもしれませんが、デジタル化が進んだ未来に、どのよう
な世界が待っているのかをしっかりと語る必要があると思います。
そして、デジタイゼーションとデジタライゼーションは、このビジョ
ンに向けた取り組みだと理解されればDXはうまく進んでいくと思
います。

3-2-3 建設DXの姿

　とはいえ、建設DXの推進は難度が高く大変だと思います。ビジョ
ンとは当然会社ごとに違うもので、海外や他社の事例は参考程度に
しかならず、自分の頭で考える必要があります。また、建設業と一
言で表現しても海外と国内では文化や歴史、仕事のやり方、産業構
造も異なるためITツールや必要なプラットフォームもローカル性
が出てくることは前述した通りです。そのため、デジタル化が進ん
だ結果どうなるかといったビジョンは独自なものである一方で、世
界観としては似たようなものを目指すことになるでしょう。そこ
で、建設テックや建設業のデジタル化を扱う本書としては、建設
DXがどのような世界観になるのか、未来の一つの選択肢を示した
いと思います。

「建築自体のDX」と「建設生産のDX」の2つの未来
　建設DXの姿を明らかにするには、まずは建設業自体への理解が

必要となります。本書の第1章で建設業の歴史に触れましたが、建設業は品質の良い建造物を造るのが目的で、建物を通じた社会貢献が業界の価値だと考えます。そのため建設テックも、物理的な建造物に影響を与えないものの、間接的には建設という行為に良い影響を与えるものでないといけません。そしてデジタル化が進んだ結果訪れるDXの世界は、建物に直接影響を与えるもの、そうでないと建設DXとは言えないと思います。デジタル化が影響を与えると考えていくと、「建築自体のDX」と「建設生産のDX」の2つの未来があると思います。

　「建築自体のDX」とは、完成物である建築そのものの変化です。ここまで「建設テックは物理的な影響を直接的に与えない」と書いてきたので矛盾しているように思えますが、そうではありません。本書で書いている建設テックは建設行為自体に影響を与えるテクノロジーであり、一方で建設テックが進んだからこそ建てられる建築があるということです。一般的にはスマートシティーやスマート住宅などの言葉で語られることが多いですが、すべてのアナログ・物理情報がデジタル化したデジタイゼーションが進むと建築には様々な変化が起きると予測されます。

　DXがビジョンであれば、やはり建設DXは建物そのものに関することであってほしいと思います。どういった建物を今後造っていくのか、それは街づくりまでに発展し、人々の生活をテクノロジーで変えるというDXだからこそ描ける一つの未来です。過去の建設業の偉人たちは、建設を通してどのように社会貢献していくのか明確なビジョンがありました。技術が発展していない黎明期だからこそ、目新しいビジョンであり多くの人たちを引き付けて巨大な産業

になっていったのだと思います。建設技術が成熟したのであれば、今度は建設テックを用いたときにどのような建造物が造れるのか、まだまだ目新しいビジョンとして機能するはずです。

　もう一つの「建設生産のDX」については、次項以降で説明します。

3-2-4 生産性向上の正体

　振り返ってみると、建設技術は建物を生産するために必要となる純粋な手法であり、建設テックはその生産を取り巻く情報を整理することにより生産性を向上させるテクノロジーと区別することができます。そのため「建設生産のDX」は、建設テックによって生産性を向上したいという思いの、一つの手段だとも言えるのではないでしょうか。

建設業の生産性

　ここまで生産性向上という言葉を多用してきましたが、改めてここで生産性とは何であるかを考えたいと思います。生産性というのは、一般的には生み出された成果物が、投入したコストに比べてどのくらい増えているかを示す割合のことを示します。

　日本建設業連合会が発行している「建設業ハンドブック」によると、売上高から原材料費や仕入原価などの変動費を差し引いた実質粗付加価値額に年間の総労働時間数を掛けた労働生産性は、製造業は20年間で1.5倍程度上昇したのに対して、建設業は20年間ほとんど変わっていないといった現状があります。

　一方で、一般的に用いられる付加価値労働生産性で現場レベルの生産性を測定することは困難であることから、独自の指標（完成工事高（円）／人工（人日））を用いて生産性を表しています。これによると2014年あたりを境目にして大きく向上していることが分かります。これはスマートデバイスを大林組が導入した2012年をきっかけに、スマートデバイスが普及したことで工事現場でも多数のITツールが使われ始めた頃と重なります。もちろん直接の相関は分かりませんが、継続した上昇を見せていることから何かしらの関係はあると言えるでしょう。

　建設市場の規模を表す建設投資額は、直近で約60兆円。これは日本のGDPの約1割を占めており、改めて建設業の大きさが分かります。一方で会社数は50万社を割っており、20年前と比較すると20%近く減少しています。労働者数も30%近く減少し500万人を下回っています。さらに他産業と比較して高齢者が多く若者が少ない特徴があり、労働力人口の空洞化が深刻です。2024年には労働基準法改正による建設業の残業上限規制がかかることが予定されており、労働時間は現状の平均時間と比較して10%近く減少します。つまり、20年前と比較して需要は変化していない中で、年間の総労働時間は30%近く目減りします。生産性向上は独自指標を用いても10%程度しか向上していないのを見ると、まだまだ生産性向上は不十分で、今後も建設テックへの期待値はより高くなっていくと思われます。

生産性向上には2つのアプローチ

　生産性について補足すると、そもそも産業は、生産性が上がることを想定して事業活動を行っています。生産性が上がらないと付加価値が生まれなくなり、その分利益を生み出す資産が目減りしていくの

⬇効率化を行い減少させる　　⬆人を増やす　　⬆仕組みで増加させる

生産性向上 ＝ ┃付加価値を生む必要時間┃ ≧ 労働力人口 × （実質の）労働時間

① 「人」を増やす
→ 全体の労働力人口は減るため継続的な解決策ではない

② 「データ」を標準化させて効率化する

③ 標準化した「プロセス」を提供することで労働時間を増やす

図表3-3

です。建設業界ではすごい勢いで労働量が減っていくため、生産性向上を見込むことのできる建設テックへの期待が大きくなっていますが、なぜテクノロジーによって生産性が向上するのでしょうか。

　生産性向上という現象をVE（バリューエンジニアリング）の計算式で表すと**図表3-3**のようになり、生産性向上は大きく「①付加価値を生む必要時間を減少させる」「②仕組みで（実質の）労働時間が増加する」の2つのアプローチがあることが分かります。正確に書けば「人が増える」アプローチもあるのですが、国内の労働力人口が減っていくのに建設業だけ人が増えるとは考えにくいので外します。

アプローチ①　付加価値を生む必要時間を減少させる

　「①付加価値を生む必要時間を減少させる」には、テクノロジーは有効です。人が実行するタスクのコストをツールに移動させることができるからです。建設テックサービスの数々は、ほとんどこの仕組みで生産性向上に寄与しています。

　工程表を例に説明します。工程表はスケジュールの集合体であ

り、何日から何日まで誰がどのような工事をするのかを積み重ねていくことで、結果的に工程表を用いて進捗を管理することが可能となります。この工程表は、専用のITツールが出る前はエクセルなどで描いていました。もっと前は紙に描かれていたのでしょう。今でもエクセルで描いている方は多いかと思いますが、工程管理ツールを使うと線を描く以上のメリットがあります。

　例えば「クリティカルパス」をすぐに特定できます。クリティカルパスとは、その作業が遅れたら全体が遅れる作業のつながりです。従来は、完成した工程表を人が見て一つずつ計算していく必要があったのですが、そういった作業をクリックひとつで可能としているのです。これが、「人が実行するタスクをツールに移動している」一つの例です。

　ここで見落としがちなのが、ツールを使う時間です。エクセルで描いたら10時間で終わるのに専用ツールだと使いづらく20時間がかかるとか、クリティカルパスを出すにはツール上でいろいろと設定しないといけなくて手間がかかるとか、こうした時間や手間が多く、トータルで見れば生産性は上がっていないというケースはよくある話です。デジタライゼーションを組織で取り組む際には意識しておきたいことの一つです。

アプローチ②　仕組みで（実質の）労働時間が増加する

　次に、「②仕組みで（実質の）労働時間が増加する」を見ていきましょう。これは、自分の代わりにコンピューターが働いてくれている、といったイメージが近いと思います。これまでのテクノロジーは、あくまでも人間の作業を補助することがメインでした。しかし、

テクノロジーの進化とそれに伴うビジネスモデルの変化によって、補助の枠組みを超えてくる可能性が出てきています。

　その代表格がAIです。2012年にGoogle社が自発的に猫を認識するAIに成功したことを発表したあたりから、第3次AIブームが巻き起こり建設業でも大手を中心に検証が続いてきました。AIはこれまでのソフトウエアとは異なり、新しいことを導き出すことができる技術です。大量のデータから傾向を導き出したり分析したりするといったことは、AIにより格段に進歩してきました。最近では開発環境の整備が進み、AI開発のハードルが下がったことが大きいです。

　建設業は既にAIの検証を終え、活用フェーズにきていると思います。例えば大手建設会社の竹中工務店では、これまでのデータをAIに学習させ、構造設計の計算をAIにやらせる取り組みをしています。単独では難しい点があるため、日本を代表するAI企業であるHEROZ社と共同で取り組んでいます。これがある程度形になると建設テックサービスとして外販されることも考えられます。そうなると、構造設計者は特定のタスクをAIに任せることができるようになるため、補助の枠組みを超えてAIと人が一緒に業務を進めていく構図になります。この時、構造設計者は自分の時間だけではなくAIが作業する時間も使えることで実質的に労働時間が増えたことになります。

3-2-5 デジタルゼネコン誕生

　これらテクノロジーを用いた生産性向上の取り組みが建設業にお

ける目的だと考えると、デジタル化が進んだ先に起こる建設DXは、生産性向上のためにテクノロジーの進化に最適化した事業や組織の形態変化と捉えることができます。そして、思考を未来に進めていくと見えてくるのが、テクノロジーに最適化したときに考えられる、デジタルを得意とした新しいスタイルの建設会社です。それが「デジタルゼネコン」です。

　建設業はテクノロジー以前から長年にわたり生産性向上を求め、かかるコストの移動を進めてきました。第1章では過去の建設業の形態変化を説明しましたが、請負が生まれて企業として生産活動を行うようになってから、その動きは加速しています。これは元請けがプロジェクトマネジメントを専門で行うのと同様、各仕事も餅は餅屋ということで、専門性が高くなっていったことが要因かと思われます。近年ではさらに多様化しており、バックオフィスやR&D（研究開発）の外注化も進んでいます。

　ではこの流れがさらに進むとどうなるでしょうか。恐らく、専門性が深化することにより、デジタルを専門とする建設会社が生まれるでしょう。

　建設技術の発展とともに、専門化が進んだのは当然の現象です。マクロで建設業が成長していた時代は、建設技術の発展が建設業の発展でもありました。建設テックも、テクノロジーの発展によって同様になると思います。そして、テクノロジーが生産性向上で実質的な労働力を増加させるまでになった時、もはやIT企業と呼ぶのはふさわしくない。建設生産にあたり実質的に生産活動を行う存在になっているなら、それは建設会社そのものと言えるのではないで

しょうか。

　建設会社が建物を建てる際、専門工事会社はもちろんのこと、設計事務所や積算事務所など多くの会社の協力を得ています。そうした会社も建設産業の一員であり、広義では「建設会社」と呼んでもいいのではないでしょうか。それであれば、デジタルを用いて建設行為に近しいことを実施する会社を「建設会社」と呼んでもいいと思い、そういった会社こそ「デジタルゼネコン」（Digital General Construction：デジタル総合工事会社）です。

　現代のゼネコン（General Contractor：総合請負業）が建設プロジェクトを取り仕切るサービスを提供し、建物自体を提供する建設会社だとするならば、デジタルゼネコンはデジタルを用いてほかの建設会社に様々な建設サービスを提供する会社です。同じように考えれば、従来の設計事務所は図面を描くサービスを提供する会社、積算事務所は図面からお金を積算するサービスを提供する会社となり、違和感はないと思います（設計事務所も積算事務所も職種としてはサービス業として登録されています）。

まとめ

(1) DXとは目的でも手段でもなくビジョンと捉えるとよい。一方で、建設業界は建設技術で差異化しづらくなっているため、各社で世界観は少しずつ異なるものの、コアの部分では似たようなものになり産業全体のDXになることが予測される。また、DXがビジョンであれば経営者が自ら考えて語ることが必要である。

(2) DXの前提にあるデジタイゼーションとデジタライゼーションは、それぞれの役割の中でDXというビジョンに向かって進むべき指針となるものである。DXがビジョンであればずっと追い続けるものであり、その過程で結果的にデジタル化が進んでいく。

(3) デジタル化が進んだ結果訪れるDXというビジョンは2つの未来をもたらす。一つは「建築自体のDX」であり、もう一つは「建設生産のDX」である。前者は一般的にはスマートシティーやスマート住宅といった言葉で定義される、テクノロジーが進んだからこそ造れる新しい建築である。後者は建物の建て方がテクノロジーによって生産システムそのものが大きく変化する未来であり生産性向上の行き着く先そのものでもあると言える。

(4) 生産性向上には2種類ある。「付加価値を生む必要時間を減らすこと」と「（実質の）労働時間を増やすこと」である。テクノロジーは前者を得意とする領域であり建設テックが推進されてきた。一方でテクノロジーの進化により、今後は後者が進んでいくと考えられる。

(5) テクノロジーの進化によってデジタルを用いて建設行為をする会社が誕生する。それをデジタルゼネコン（Digital General Construction：デジタル総合工事会社）と呼ぶ。デジタルゼネコンは建設会社に対してデジタルの建設サービスを提供する会社である。

3-3 デジタルゼネコンのサービス／レイヤー化する建設テック

　デジタルゼネコンとは、デジタル技術を用いた建設サービスを提供する新しいタイプの建設会社です。では、デジタルゼネコンはどのようなサービスを提供するのでしょうか、未来予測として考えてみます。どのようなサービスが出てくるのかを予測することは、建設産業がどのように進むかを考える良い材料になると思います。

　デジタルゼネコンのサービスを予測するには、まず「建設テックのロードマップ」を描き、未来の景色や取り組む内容を明らかにするとうまくいきそうです。もちろんロードマップ通りに進むとは限りませんが、生産性向上が喫緊の課題であり、建設技術が成熟した建設業において、建設テックは建設に関わるすべての人に関係するものであり、今後の事業の中心になると思います。

　建設テックのロードマップは、建設DXのビジョンを具現化し、そこに向かうためにどのような順番で進めばよいのかといった全体の地図とコンパスの要素が含まれている必要があると考えました。デジタイゼーション、デジタライゼーション、そしてDXに至る過程で、テクノロジーがどのように進化し変化するのかが分かると、具体的にどんなサービスが生まれるのか推測でき、結果的に建設産業がどのように変わるのか見通しがつくと思います。

　建設DXのビジョンを掲げないのは建設事業のビジョンがないと言っているのと同じであり、自分たちは関係ないと目を背けるので

はなく、当事者として取り組んでいく必要があります。そこで、建設業に携わる（もしくはこれから携わる）人たちが考えるきっかけになればと思い、私なりに建設DXというビジョンを可視化し、先駆けて建設テックのロードマップを作り、デジタルゼネコンのサービスを予測したいと思います。

3-3-1 建設DXのフレームワーク

　建設DXというビジョンの可視化から始めたいと思いますが、あまり具体的に考え過ぎると、それはビジョンではなく単なる中期目標となってしまいます。ビジョンは抽象的なもので、それを具現化するためになすべきことを中長期の目標として定めればいいのです。

　ビジョンは何もない状態から考えることもできますが、DXは建設業だけで提唱されている考え方ではなく、他産業・分野でも掲げていますし、もっというと国策として各国が率先して取り組んでおり、様々なDXフレームワークが出ています。そこから着想を得て、建設業向けにデフォルメすれば活用できるのではないかと思います。そこでまずは、DXのフレームワークを見ていきます。

　テクノロジーの進化によってデジタル化が進むことでどのような変化を目指しているか、そうした方針が書かれているものを「DXのフレームワーク」と呼びます。例えば国内でいうと「Society 5.0」や「Connected Industries」が挙げられます。前者のSociety 5.0は、2016年に日本が掲げた未来社会のビジョンであり、仮想空間と現実社会が高度に融合した社会であり高度に発展したAIと人がどのよ

うに共存し生活をしていくのかを示しています。後者のConnected Industriesは、それらを実現するために5つの重点分野（「自動走行・モビリティーサービス」「ものづくり・ロボティクス」「バイオ・素材」「プラント・インフラ保安」「スマートライフ」）を中心にAIとIoTが発展することによって、「モノとモノ」「人と機械」「人と技術」「企業と企業」「人と人」「生産者と消費者」などあらゆる要素でデータ連携できるようになった未来を示しています。データ連携するには、情報がすべてデジタル化されていることが必須であり、まさにデジタイゼーションとデジタライゼーションをどこから進めるかといった指針になります。

　「Society 5.0」や「Connected Industries」といった考え方自体が直接的に影響するというより、ロードマップとして機能することで、何から取り組めばよいかが分かるという利用方法になります。ほかにもドイツ政府が提唱している「Industry 4.0」や、中国が提唱している「中国製造2025」、フランスが提唱している「Industry of the Future」など様々です。共通している点は、デジタイゼーションの範囲が拡大し、AIなどのテクノロジーが進んだ結果、デジタライゼーションも進み、データやそのトラクションをすべて制御できるようになったときにどのようなことが考えられるかを説明していることです。この考えはDXの基本的なものであると考えられ、建設業に応用するにはすべての物理・アナログな情報と、その情報同士の流れを全部デジタル化できたと仮定していくのがよいと考えられます。

　DXのフレームワークの中で注目したのは「Industry 4.0」です。このフレームワークは特定産業（製造業）に特化しているので、その考え方を建設業に応用すればいいと思います（「中国製造2025」

も製造業に特化していますが、国家事業としての性格が強いのでドイツの「Industry 4.0」に注目しました）。そのためにIndustry 4.0をもう少し深掘りし、建設業と製造業の違いを複数の視点で比較して「Industry 4.0の建設業版」を考えてみたいと思います。

3-3-2 Industry 4.0

　Industry 4.0は、サイバーフィジカルシステム（CPS）、IoT、クラウド、AIなどで構成され、製造業における生産現場となる工場などの情報を取得してデジタル化することによって実現する「スマートファクトリーの実現」が根幹の考え方です。

製造業と建設業の違い

　ちなみに、アカデミックやR&Dにおいて、建設業をどのように製造業に近づけるのかといった議論はたびたび行われている印象があります。同じものづくり産業ですが、その中身はかなり異なります。製造業は少品種大量生産が基本で、既にロボットなどを用いた自動化が進んでいます。工場のラインでは、同じものを生産したほうが利益率は向上します。一方の建設業は、人手に頼る一品生産かつオーダーメードが基本で、設計内容や建てる土地などの条件によって毎回造る内容が異なります。材料も工事現場で加工します。

　利益の出し方も異なります。製造業は前もって利益率がある程度決まり、設計通りに製造することで利益を確保します。建設業は昔からどんぶり勘定と言われても仕方のない進め方で、利益は工事現場で出すのが基本です。そのため工事現場では、少しでも利益を増

やすにはどうすればいいかという視点が大切であり、昔から現場を取り仕切る現場代理人は高い利益率を出す人ほど優秀と評価されました。利益率がある程度決まっていて製造で失敗さえしなければ利益が確保でき、かつ、自動化を進めやすい製造業は、建設業からすると隣の芝が青い状態に見えるわけです。

　一方で、製造業も構造的な問題を抱えています。製造ラインで少品目を大量生産する仕組みを構築していますが、それは品目に特化したラインであり、内容が変わるとラインの中身を変える必要があります。建設業の工事現場はプロジェクトベースで立ち上がり、ある程度内容に合わせて自由に造れる強みがあり、それは何でも作れる工場のラインがあるような状態です。

　テクノロジーを活用する観点としては、製造業はデジタル化によりどんな製造物でも生み出せるスマートファクトリー（マスカスタマイズ）を構築し、多品種対応を可能にすることを目指します。そ

	製造業	建設業
生産品の違い	少品種大量生産が基本であり特定の生産品に特化して工場を構築する	一品生産が基本でありプロジェクトに応じて現場を構築する
生産手法の違い	工場でパーツを作り別の工場に持ち込んで組み立てて造る	現場に資材を持ち込んで設計図に応じて加工して造る
課題の違い	特定品種に特化されているため工場で生産できるものが決まり非効率	生産手法が現場によって異なり技術や仕組みがバラバラで運営され非効率
DXの目的	デジタル化により、どんな製造物でも生み出せる（マスカスタマイズ）スマート工場を造り、多品種に対応できるようにするのが製造業DXのゴール	デジタル化により、どんな現場でも運営できるスマート現場（コンストラクション・システム）を作り、高効率で建設物の生産をできるようにするのが建設DXのゴール

図表3-4

れこそが、製造業DXです。同様に考えれば、建設業はデジタル化によりどんな生産ラインでも運営できるスマートサイト（マススタンダイゼーション）を構築し、人に依存することなく高効率な建設物の生産ができることが目的になります（**図表3-4**）。

Industry 4.0の「RAMI4.0」

　製造業と建設業の大きな違い、そしてDXの目的が分かったところで、もう少し細かくIndustry 4.0を見ていきたいと思います。Industry 4.0ではマスカスタマイズを目指すために、製造業を構成している各要素をどうやってデジタル化するかというアプローチではなく、テクノロジー視点でデジタル化手法をレイヤー化し、どのようなテクノロジーレイヤーで製造業が構成されるのかといったアプローチをとっています。Industry 4.0のこの取り組みは「Reference Architecture Model Industrie 4.0（RAMI4.0）」と呼んでおり、これを用いることでシステムの全体像を把握することが可能です。

　RAMI4.0を解説します。３つの軸で構成され、その一つである「Life Cycle & Value Stream」はいわゆる機械などのアセットサイクルやバリューチェーンを示しています。同じ軸に「Type」と「Instance」とあります。それは「設計」と「生産」とほぼ同じだと思ってください。３つの軸の２つ目は「Hierarchy Levels」で、これは企業向け制御システム統合のための国際規格IEC 62264に沿ったもので、製造業における企業活動のピラミッドを表しています。この軸には、まず「Product（製品）」があり、そこから、製品の製造に直接関わる機械があり、それらをコントロールする機械や事業部門、会社などが存在しています。最上層は他社とデータでつながることで、それを「Connected World」（つながる世界）と表現して

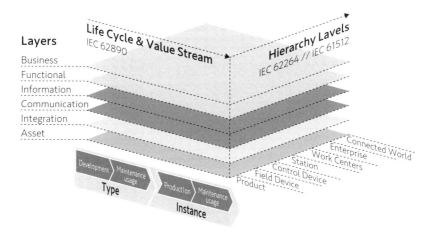

図表3-5

　います。この「Hierarchy Levels」と「Life Cycle & Value Stream」の2次元で、製造業の活動を簡易的に表現できると考えられてきました。事実、Life Cycle & Value StreamもIEC 62890と呼ばれる国際規格に従っており、以前からあるプロダクトライフサイクルマネジメントの考え方を踏襲しています（**図表3-5**）。

　RAMI4.0には「Layers」という3次元の軸を加えています。この軸がIndustry 4.0におけるデジタルレイヤーであり、スマートファクトリーの実現に向けたテクノロジー視点で見たときの製造業の形になります。「Architecture Layer」とも呼ばれ、情報通信工学的視点から6つのレイヤーに分割しています。情報通信分野では、複雑なシステムやプロセスを複数のレイヤー（層）に分割する手法はよく用いられ、その代表にOSI参照モデルがあります（**図表3-6**）。

	名称	役割
第7層	アプリケーション層	ユーザーが直接操作するアプリケーションに関する取り決め
第6層	プレゼンテーション層	通信のためのデータ形式やアプリケーション層でユーザーが取り扱うデータ形式（文字コードや圧縮方式など）を変換するための取り決め
第5層	セッション層	アプリケーションごとに、送信者と受信者が互いの存在を確認してからデータを送り合う（セッションの確立をする）ための取り決め
第4層	トランスポート層	ネットワーク層以下の層で送られるデータが確実に受信者に届いていることを保証するための取り決め
第3層	ネットワーク層	中継装置（ルーター）を経由して、データを最終的に目的地まで送るための取り決め
第2層	データリンク層	同じ種類の通信媒体（電線、光ケーブル、無線など）で直接つながっているコンピューター同士でデータを送る際の取り決め
第1層	物理層	通信媒体に応じた信号の種類・内容やデータの送信方法に関する取り決め

図表3-6

　情報通信は、様々な機器が各レイヤーの役割を果たすことで実現しています。例えばインターネットでは、パソコンに接続するWi-Fi機器が第1層の物理層に当たります。細かい説明は省略しますが、そこからサービスプロバイダーと接続してインターネット回線に出て、アクセスしたいIP（住所みたいなもの）にたどり着き、データを送る約束事みたいなものを決めることによって双方向の通信を可能としています。これらがレイヤーで分かれているからこそ、レイヤーごとに異なる企業がテクノロジーを提供できますし、それぞれでバージョンアップすることで全体のデジタル化が進んでいきます。

　1つのテクノロジーですべてを提供しようとすると、スケーラブルな仕組みにするのが難しくなります。レイヤーに分けるというの

は、テクノロジーの世界では様々なシーンで見ることができます。

　Industry 4.0に話を戻すと、大きく、物理層とデジタル層に分かれています。Architecture Layer（**図表3-5**の「Layers」）の下から2層目のIntegrationまでが物理層で、Integrationレイヤーは物理的に存在している機械などの情報を電気的な定量的数値に変換することで、それより上のレイヤーで扱えることができるようになります。Integrationより上のレイヤーにはデータにアクセスするためのCommunicationレイヤーがあり、その上には情報そのものであるInformationレイヤー、Functionalレイヤー、Businessレイヤーと続きます。提供する機能を示すFunctionalレイヤーはInformationレイヤーと一体化しているようにも見えますが、建設プラットフォームでも出てきたAPIの考え方を思い出していただければ、分離している意味がイメージできると思います。

　FunctionalとBusinessのレイヤーを分けていれば、それぞれが独立し、上下のレイヤーとのやりとりだけ決めておけばよいのです。Architecture Layerという3次元の軸が加わることによって、2次元で表していた製造業のデジタル化は製品のバリューチェーンや企業による活動をレイヤーとして横断的に見る視点が加わったことになります。

　注目すべきは、Hierarchy LevelsとArchitecture Layerの関係性です。『DXの思考法 日本経済復活への最強戦略』（文藝春秋、西山圭太 著）によると、この関係性についてIndustry 4.0の提唱者に確認したところ、Hierarchy LevelsからArchitecture Layerの軸の移動こそがIndustry 4.0そのものだということです。本来であれば

Hierarchy LevelsはIndustry 4.0というDXのビジョンでは描かれるべきではないものの、いきなり既存の企業活動がなくなるわけではないため、当面は存在している機器やデータの連携を標準化するためにデジタル化が進むから残しているということです。

つまり、企業活動のHierarchy Levelsは過去のものとなり、バリューチェーンはArchitecture Layerの軸だけで語られるようになる、これこそまさにデジタル化が進んだ結果、事業や組織構造の変化が起きるDXではないでしょうか。そしてIndustry 4.0のRAMI4.0は、製造業におけるDXを解像度高く、しかも簡単に一つの図で表すことに成功しているという点において、非常に優れたフレームワークと言えるでしょう。

3-3-3 建設テックのロードマップ

RAMI4.0はデジタル化をどこから進めるかの指標になります。自社工場をRAMI4.0に当てはめてみて、どのぐらいの時間軸でどこまでデジタル化するのか、またレイヤーの軸変化が起こったときに自分たちは企業としてどこのレイヤーの役割を担うのかといったことを検討できる、まさに地図とコンパスです。このRAMI4.0の建設業版を作れば、それが「建設テックのロードマップ」になります。ここからはRAMI4.0の要素を建設業で表すとどのようになるかを考えていきます。

とはいえ、Hierarchy LevelsやLife Cycle & Value Streamなどを建設業で表すことのできる国際規格は存在しないため、本書では一般的に言われている事柄を中心にそれぞれ独自に考えることにしま

した。便宜上、RAMI4.0のHierarchy LevelsをX軸、Life Cycle & Value StreamをY軸、Architecture LayerをZ軸としています。

　X軸はどうなるでしょうか。製造業と建設業の生産手法で最も異なるのは、製造業は機械中心、建設業は人中心だということです。製造業はアセンブリ型の産業でもあるのに加えて、製造ラインは工場である程度自動化が進んでいます。そのためRAMI4.0のHierarchy Levelsはほとんどコンピューターをはじめとした制御機械です。建設業で対応する機械は存在せず人が動くことから、RAMI4.0を参考にX軸を「Work Level」と表現します。Work Level

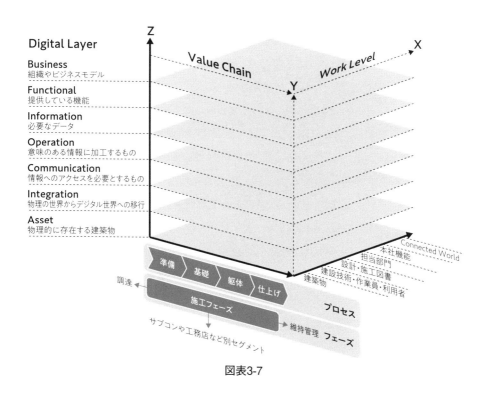

図表3-7

は全部で6つに分割しました。最も上流はIndustry 4.0と同じく Connected Worldとしています（日本語で表現すると陳腐になってしまうためです）。それ以下は「本社機能」、「担当部門」、図面や工程などの「設計・施工図書」、そして「建設技術・作業員・利用者」、最後は「建築物」としています（**図表3-7**）。

　次にY軸は、建築物のバリューチェーンを表すことになります。製造業では主にTypeと呼ばれている設計過程とInstanceと呼ばれる製造過程に分かれていました。製造過程の後半は企業顧客に渡した後、工場でのメンテナンスが相当していました。建築物でも同様の分け方ができると考えられますが、割と広い範囲に対応できるように大きいくくりとして、設計、調達、施工、維持管理といった4つのフェーズを設けます。その中でさらに細かく分ける場合は、プロセスという欄を使います。プロセスでは、例えば施工フェーズであれば準備工事や基礎工事など細かく設定できるようにしています。規格として決められていない以上は、どのようにでも表現できるのですが、重厚長大な建設業のバリューチェーンを少しでも精緻に表現できるように、フェーズとプロセスに分けて表現しています。中身の表現は後でいくらでも変更できるため、いったん次に進みたいと思います。Y軸もRAMI4.0と区別するために「Value Chain」と呼ぶことにします。

　最後は最も大事なZ軸で、「Digital Layer」と名付けました。構成する要素はRAMI4.0とほとんど同じですが、CommunicationレイヤーとInformationレイヤーの間にOperationレイヤーを追加しています。追加した理由は、建設業では定性情報が多いからです。製造業では機械からのデータ取得がメインで、工場の情報は既に定量的な電気信号に変換可能なケースがほとんどだと思います。一方で、

建設業の工事現場の場合、建材などデジタル化しにくい定性情報が多く、そうしたデータに意味を持たせるレイヤーが必要になると考えたからです。最初はRAMI4.0と同じでいいと思っていたのですが、どうもそれだとレイヤーに当てはまらないテクノロジーが出てきてしまい、悩んだ末に追加することにしました。

　Z軸のDigital Layerは7層。一番下がAssetレイヤーです。これは物理的に存在する建築物そのものを示しています。次にIntegrationレイヤーです。これはアナログとデジタルをつなぐためのテクノロジーであり、例えばドローンやセンサーなどが該当します。もちろん工事現場では人がITツールを使って現場を記録するといった内容もここに含まれます。

　その次が、Communicationレイヤー、Operationレイヤー、Informationレイヤーです。取得した情報、もしくは取り出す情報を意味のあるデータに変換します。AIなどを使うとしたらここに該当します（建設業のAIは一般的な用途と少し違うかもしれません）。

　その次のFunctionalレイヤーは名前の通り機能を提供します。機能はビジネスモデルや業務の仕組みにおいて実現したいことの役割として存在しており、実際どのようなことが行われるのかを取り決めるレイヤーでもあります。

　そして最後がBusinessレイヤーです。ここはビジネスモデルや業務において実現したいことを表しています。少し分かりにくいかもしれませんが、工法や検査の手法といった作り方もこのレイヤーになります。

　これで建設テックのロードマップが完成しました。このZ軸のレイヤーに従ってY軸のバリューチェーンごとに、どこから整備していくのかを見極めます。しかし、これをこのまま実務に使うのは現実的ではない気もします。なぜなら、X軸からZ軸へ移行することがDXならば、その過程は業態や規模によって大きく異なることが想定されるからです。それに、Z軸のレイヤーの抽象度を高くしたこともあり、明確にどの部分が足りているのか（不足しているのか）といった見極めがしにくいと思います。そのため、実際に実務で使う際には、これを参考にしつつ、企業独自のものを作ることをお勧めします。DXはビジョンであり、建設テックのロードマップではX軸からZ軸に移行するものですが、ビジョンは企業独自のものであるべきだと思いますので、ぜひ実践してみてください。

3-3-4 溶ける建設業とデジタルゼネコン

　建設テックのロードマップを用いると、今後の建設業がどのようになっていくかを予測することが可能です。前章では建設テックをサービスで見たときに、求められるテクノロジーや取り組み方、そして組織はどのように対応していけばよいかといった、割と今の建設テックの延長線にあるような内容を説明しました。それらの取り組みによって、デジタル化は間違いなく進んでいきますが、DXはX軸からZ軸への移行と考えたとき、既存企業の事業・組織構造（以下「企業ピラミッド」と書きます）のままでは難しい局面に入ってくると考えられます。企業ピラミッドの変化は、気が付いたら起きているものであるものの、局所では企業トップの意思決定が必要となってきます。

　例えば、BIMモデルを作る「BIMマネジャー」という職種を考え

ます。X軸は建築物そのものを造るために最適化した状態であり、BIMモデルを作る役割はどこにもありません。BIMマネジャーは、BIMというテクノロジーが出てきた際、既存の企業ピラミッドでは対応できず、Z軸のレイヤーを考えた結果生まれた職種だと思います。実際、Z軸を見てみると、工事現場とBIMモデルをどのようにひも付けるかに相当するAssetレイヤー／Integrationレイヤーや、BIMに持たせる情報に相当するInformationレイヤーなどがきっちり存在しています。

　今後も様々なテクノロジーが出てくる中で、どのように建設生産をデジタル化するかといった視点で見ると、やはり既存の企業ピラミッドは近いうちに限界が来ると思われます。テクノロジーの進化に合わせていかにテクノロジーに最適化した生産体制に組織を変更していくか。これは企業においては経営層にしかできない仕事であり、DXをビジョンとしているのはそこに理由があるのです。

　デジタルの領域では新しいプレーヤーがどんどん出てきます。そしてそれはいずれ、建設業のビジネスレイヤーにおいても役割が曖昧だった部分にも侵食してくると考えられます。この曖昧な部分を具体的に書くと、業務において、誰がやるのかが明確ではなく、スキルセットを見たときに本当にその人がやるべきなのか不明瞭な領域です。この曖昧な部分をデジタル化したときに、上から下まですべてのレイヤーを1プレーヤーで行ったほうが効率良い分野（Y軸）も出てくると思われます。

　X軸からZ軸への移行は、既存の建設業にほとんどアセットがないため、すべての分野を取り組むと、既に人手不足の状態なことも

ありリソース的にもかなり厳しいかと思われます。また、リソースがあったとしても、建設業に多くのデジタル人材が入ってくるのは現状では考えにくいのと、スキルもマインドセットも建設技術の開発と推進とは全く異なります。とはいえ建設会社がITベンダーに丸投げするのは典型的な失敗パターンなので、既存の建設会社はどのようにこの構造変化に向き合っていくべきなのか、私なりの考えを書きたいと思います。

　テクノロジーを提供する企業がビジネスレイヤーまで提供するのは理にかなっています。例えば、建設会社が実施していた「検査の準備」などは、「役割が曖昧だった部分」で、そうした部分を建設テックサービスが代わりにやってくれるという現象です。そんなことをしたら、建設会社の仕事がなくなるし、若手も育たなくなるから絶対にやらないと思う方もいるかもしれません。しかし、こういった事業や組織が変化するといった現象は、建設業の誕生から起こっていたことなのです。

　もっと言うと、建設業の誕生を本書では請負の誕生とほぼイコールで定義しましたが、それ以前から建物を生産する行為はあったわけで、私はこの請負が生まれたことも同様の現象と理解しています。江戸時代までは棟梁が直接的に労働者を雇用していたものの、徐々に建築物に対するニーズが変化してくる中で、建設業の役割も変わってきました。近代以降は設計と施工を分離した発注も生まれ、労働者の直接雇用もなくなり各工事の専門性が高まっていきます。このように、これまでは同じ役割だと思っていたものが、徐々にこなれてくる中で気が付いたらそれ自体を専門として行う個人や法人が出てくる。これを「溶ける」と表現します。

　産業にもともと存在していた各プレーヤーから役割が徐々に分かれて新しいプレーヤーとして生まれ変わる。その様子はまるで個体が溶けていろいろなものが少しずつ染み出てくるように見えるのです。これまでは建設業の中では職種に合わせて業務フローが設計されITの推進が行われてきました。しかし、今後はテクノロジーの進化により、既存の企業活動ではなくDigital Layer（Z軸）を基に建設生産が再定義されていきます。そして当然ながら、既存のプレーヤーから役割が溶け出しデジタルを専門としつつ、ビジネスレイヤーまで垂直統合でサービスを提供する未来が考えられます。そして、この専門性がとても広いプレーヤーのことを本書では「デジタルゼネコン」と定義しており、既存の建設会社と協力して高効率な建設生産を実現すると想像しています。これこそが、既存の延長線上にない、建設業が目指すべき未来のカタチだと私は考えています。

　テクノロジーの進化によって建設業がDigital Layer（Z軸）に移行していく中で、建設業も建設テックサービスを提供する企業も、X軸からY軸への移行にあたり、Digital Layer（Z軸）のどこからどの部分を担っていくのか、もしくは強化する必要があるのかを考えていかなければいけません。R&Dに時間と費用を費やせる会社に関しては、長期のビジョンにおいて、どのレイヤーに対しての研究開発なのか、そしてどうしていきたいかを考えて投資するのが大事になってきます。

　Y軸すべてのDigital Layer（Z軸）を既存の建設会社がカバーすることは到底不可能だと思われます。現在、建設テックを提供している会社でも、1社では難しいでしょう。なぜなら、DXがテクノロジーにおける建設生産の再定義である以上、ゼネコン一社が市場

を独占できなかったのと同じぐらい巨大なマーケットがそこには広がっているからです。自社が担うべきポイントが見えることによって、DXのビジョンも明確になり足元のデジタイゼーション・デジタライゼーションの施策もより機能していくのではないでしょうか。

とはいえ最初から完璧に実行するのは難度が高いです。だからこそ、ものづくりのど真ん中で働く人たちは、いかにITサービスを気軽に導入して使っていけるかがポイントになってきます。具体的な行動をとることによってDXのビジョンもある程度見えてきますし、自社が将来担うべきレイヤーの解像度も上がっていくのではないでしょうか。

まとめ

(1) 企業によって異なるものの、建設DXのビジョンを具現化して、そこに向かうためにどのような順番で進めばよいのかといった全体の地図とコンパスの要素が含まれている建設テックのロードマップが必要となる。

(2) 製造業にはドイツ政府が提唱したIndustry 4.0という考え方がある。これは製造業のDXとして何でも生み出せるスマートファクトリー（マスカスタマイズ）を構築することで、多品種対応を可能にするのが目的である。一方で建設業はデジタル化により、どんな生産ラインでも運営できるスマートサイト（マススタンダイゼーション）といった仕組みを構築することで、人に依存することなく高効率な建設生産を実現することがDXと言える。

(3) 建設DXは、建築物のバリューチェーンにおいて、何を作るかというのを既存の企業ピラミッドからDigital Layer（Z軸）に移動するということ。そのため建設テックのロードマップは全部で7つに分かれるDigital Layer（Z軸）のどこをいつのタイミングで提供していくつかにまとめられる。それを頭に入れたうえで自社なりのビジョンとして表現することが大事である。

(4) これまで建設業の中では職種に合わせて業務フローが設計されITの推進が行われてきた。今後はテクノロジーの進化により、既存の企業活動ではなくDigital Layer（Z軸）を基に建設生産が再定義されていくと、産業にもともと存在していた各プレーヤーから役割が徐々に出て新しいプレーヤーとして生まれ変わる現象が起きる。

(5) 既存のプレーヤーから役割が溶け出しデジタルを専門としつつ、ビジネスレイヤーまで垂直統合でサービスを提供する未来が考えられる。この専門性がとても広いプレーヤーのことをデジタルゼネコンと本書では定義しており、既存の建設会社と協力して高効率な建設生産を実現することこそが、建設業が目指すべき未来のカタチである。

3-4 BPaaS 建設をデジタルで再定義する

　ここまで建設業そして建設テックの歴史を振り返り、その中でかつて起きた具体例を挙げながら、DXの正体についても考えてきました。少し抽象的な話も多く、人によっては少し退屈だったのではないかと思います。しかし、未来の具体的事象を予測するだけではなく、創造するには抽象的な話と具体的な話の両方が必要であることをご理解いただきたい。

　予測するだけであれば、具体的な事例だけに目を向け、事実としてのデータを取りつつ、将来がどのようになり、延長線に生きる自分たちが何をすればよいかを考えればいいのです。予測したうえで望ましいと思われる未来を創りたいのであれば、過去を振り返って「どういう時代であったのか」と抽象的につかみ、未来から見たときに今の私たちの時代は「いったいどんな時代なのか」を自らの頭で考えなければいけません。

　未来を見つめることと過去を見つめることは同義です。なぜなら、過去に起きたことが表現を変えて未来に起きることがよくあるからです。ここからは未来の具体的な話をしつつ、「デジタルゼネコンとは結局何なのか」という本書の結論と言える内容に踏み込んでいきます。

3-4-1 「建てる」ためのテクノロジー

　建設という行為が会社組織で行われるようになってから、プロジェクトマネジメントは建設行為としてより重要になりました。建

物を建てたい施主は元請けとなる建設会社に発注し、元請けは下請けに発注し、多重の下請け構造（＝巨大な組織）がつくられてプロジェクトが進んでいきます。大きな建物ほどプロジェクトの規模は大きく、結局のところ、巨大な組織をどのようにマネジメントするかがポイントになるからです。元請けになることの多いゼネコンは、高度なプロジェクトマネジメントスキルを身につけています。

　また、技術を他業界から持ってきたことによって建設技術は発展しました。建設技術は今や成熟し、建物を建てることそのものにはそれほど苦労しない状況になりました。

　請負によって生まれた建設業は、開国や法整備などを経てゼネコンを中心とする現代の形となり、既に100年以上が経過しています。そうしたゼネコンの活躍の場は、日本と比較すると建設技術の発展が遅れている国にも広がり、その国の成長に貢献しています。例えば多くの日系建設業が参入しているベトナムの建設市場は、ここ10年、年平均12％という急成長を続けています。ベトナムは中央集権的な国家で様々な点で独占的な市場が続いていましたが、近年は国内外への規制緩和を実施し、市場原理を働かせることで産業の競争力を向上させてきました。日本が開国し、建設業の勃興期が訪れたことにより発展した状況とよく似ています。日本の高度経済成長期の建設投資は年平均14％の成長なので、ほぼそれに匹敵する発展を見せています。

　日本の建設会社は、十分な建設技術とプロジェクトマネジメントのスキルを持っていますが、国内においては人の数がとにかく減ってきたこともあり、生産性向上が喫緊の課題となっています。そこで、テクノロジーの力を使ってプロジェクトマネジメントの仕組みを標準化し、生産

性を向上させることが求められています。それが、建設テックの盛り上がりという形になって現れ、スタートアップに多額の資金が集まり、IT企業や起業家が市場の形成と独占を狙い始めたのが現在だと思います。

　テクノロジーの力を使って大きくデジタルシフトを進めた建設業ですが、「何かが大きく変わった」という実感は持てないのではないでしょうか。建設テックは1980年代のCADから始まりましたが、普及という意味では2010年代にスマートデバイスが建設業に広がってからです。そう捉えると、私たちはまだ建設テックの黎明期にいて、大きな変化はこれからなのではないかと期待できます。

　とはいえ、Katerra社の教訓を忘れてはいけません。同社が身をもって示してくれたことは、生産性向上自体が建設業の価値ではないということです。併せて、建設技術は建設会社自らが開発することなく採用し活用することによって発展させてきたのと同じように、建設テックも建設会社自らが開発することなく、多くのテクノロジー企業と手を取り合って発展させていくことになるでしょう。

　建設テックは便利なITツールからプラットフォームに進化し、建設技術と同様に「建てる」ためのテクノロジーとして昇華するところまでたどり着けば、建設業のデジタル化は急速に進むと考えられます。ただし、「建設テックの昇華」は、既存の延長線上にあるスキルやマインド、建設業（特に元請け）としての在り方を現状維持しようとするだけでは実現が難しいです。なぜなら、建設テックは元請けとなる建設会社の仕事そのものにメスが入る可能性があるからです。建設技術は建物を建てるために必要不可欠であり、複雑化するにあたって専門性が進み、元請けとなる建設会社と協力会社

が一緒に進めてきました。一方の建設テックはデジタル化されている情報を扱うため、現物の建築物には影響を与えず、元請けのプロジェクトマネジメントの効率化そのものだからです。

　もちろんこれは、建設テック企業に仕事を奪われるという意味ではありません。あくまでも自分たちが従来やってきたやり方をテクノロジーに継承させ、生産性を向上させてより良くする過程で起きる変化です。建設テックを「建てる」ためのテクノロジーに進化させるには、自分たちがやってきた業務を、「テクノロジーを使ってもっとうまくプロジェクトマネジメントできるプレーヤーに任せる」という考えが必要になってくるということです。そして、自分たちは、自分たちにしかできない強みやノウハウを突き詰め、建設業としての競争優位性を磨き、Katerra社のように生産性向上自体が目的となってしまう事態を避け、健全な産業発展につなげていくことが大事なのです。

3-4-2 記録と比較

　「テクノロジーを使ってもっとうまくプロジェクトマネジメントできるプレーヤー」とは、新しいスタイルの建設会社であるデジタルゼネコン（Digital General Construction）の一つの具体例です。デジタルゼネコンは、既存の建設業が行っているプロジェクトマネジメントのプロセスをテクノロジーに最適化することで効率化し、そのプロセス自体を提供する事業を建設業で展開します。もう少しかみ砕いて説明するために、そもそも建設会社が実施しているプロジェクトマネジメントとはどのようなものかを説明します。

　一般的にプロジェクトマネジメントとは、プロジェクトを円滑か

つ上手に進めるために、プロジェクトに関わる人やお金、物的資源などを管理することを言います。建設現場のプロジェクトマネジメントではQCDSE（Quality：品質、Cost：原価、Delivery：工期、Safety：安全、Environment：環境）という言葉があります。これらの進捗を計画と照らし合わせ、関係各社とコミュニケーションをとって、工期に間に合わせて利益を出す行為と言えるでしょうか。

　例えば、施工管理者は工事現場を巡回し、協力会社の技能者（職人）が作った部分が適切に進んでいるかどうかを管理しています。適切な建材が使われているか、工程通りに進んでいるか、安全はしっかりと確保されているか、そうしたことを写真や図面にメモをして記録していくわけです。それらをきちんと書類などの報告書にまとめてリポーティングし、問題や懸念があれば是正します。また、工事は毎日行われるので、明日の段取りや先の予定も見据えたうえで計画を立て、予算がきちんと使われているかといった予実管理も実施します。

　こうして考えると、建設会社の業務は煩雑かつ膨大です。「建設会社が実施しているプロジェクトマネジメントを説明する」ために、どのような業務があるのかリストアップして棚卸ししようとしても、工事現場は刻々と状況が変わっていくので、シンプルに見える業務も実は様々な要素がひも付いて実施されていて複雑性も高く、簡単にできることではありません。そこで、「デジタルの視点」で見たときに、建設会社のプロジェクトマネジメントがどのように見えるかという観点で整理したいと思います。

　デジタルは極論とすると「0」か「1」で示すことであり、その中間の状態はありません。アナログなら変動している情報をそのまま表すこと

ができます。現実世界にある情報をデジタルに持っていこうとすると、誰が見ても曖昧さのない情報に変換する必要があるのです。デジタルで表現されている情報は、人が見たら曖昧に見えるものでも、コンピューターではすべてが「0」か「1」でしっかり定義されているのです。

　建設業のプロジェクトマネジメントをこの視点で見たとき、プロジェクトマネジメントは「記録」と「比較」の2つの行為から成り立っています。建設業のプロジェクトマネジメントでは「何を作るか」は事前に大枠が定まっています。どのようなデザインか、どんな材質か、設備機器をどう配置するかといったことを決めた設計図があり、それを基に建物を造っていくわけです。

　デジタルの視点でプロジェクトマネジメントを見ると、建設途中の建物がどのような状態なのかを「記録」し、建設途中の状態と設計図（をはじめとした設計データ）が同じになっていることを「比較」する行為であるということです。この「記録」「比較」という行為を効率的に実施できるサービスが建設テックであり、例えば写真管理や図面管理は「記録」を効率化するサービスです。記録したら設計データと「比較」することでそれが正しいかどうかが分かります。

　例えば、RC造で建物を建てる際、コンクリートを打つ前に鉄筋を適切に配置します。いわゆる配筋です。配筋が設計図通りに実施されているかどうかを検査（「配筋検査」という）する必要がありますが、その作業は結構な手間がかかります。図面にはたくさんの情報が記載されており、配筋は柱、梁、床、壁と建物を支える箇所のすべてに施すものなので、図面から適切な箇所を探すのが大変なのに加えて、図面と照らし合わせる際に読み取る情報が膨大になるからです。そのう

え、何を検査したのかを工事黒板に記載し、検査したという記録を写真で撮り、検査結果を書類として残す必要があります。

　この一連の流れをデジタルの視点で見てみると、正しく配筋されているのかどうか、そして図面の配筋と現場の配筋を比較して同じかどうか、違うのであればどこが違うのかをアウトプットとして出力するといった流れになります。これをデジタルで実施するには、当然のことながら図面の配筋と現場の配筋のどちらもがデジタル化されている必要があります。CADやBIMに配筋情報が入っている場合があるかもしれませんが、大体は形状だけであり、配筋検査の際に必要な情報がデジタル化されていることはまれだと思います。

　現場での検査は、特定の柱に何本の主筋が配置されているか、ピッチは何ミリ空いているかというような、配筋の中でもさらに特定の要素を抜き出したものになります。そのため、仮にCADやBIMで形状情報が描かれていたとしても、コンピューターがきちんと定義できるように、柱、主筋、ピッチが具体的に何を指すのかを一つひとつ定義しなければいけません。

　実は、図面は非常にアナログであり、人が解釈するために作られたものであるため、PDFファイルで閲覧できるからといって「本当の意味でデジタル化した」とは言えないのです。比較するには、「図面というデータ」を「配筋検査をするためのデータ」に変換する必要があります。具体的には、図面から読み取った情報を基に主筋が何本でピッチがいくつかなどを定義します。部材ごとに主筋の本数やピッチが数字データとして取得できれば、後は設計データと比較して合っているかどうかを確認できます。この比較によって正し

いか正しくないかをすべて人が判断していたのですが、デジタル化されていると自動化できるようになります。

　このように、建設業におけるプロジェクトマネジメントは記録と比較であり、そこから付随するコミュニケーションまで含めたものになると考えることができるのです。

3-4-3 デジタルゼネコンの仕事

　ここで注目しないといけないことは、「記録」や「比較」に求める内容は同じでも、その手法には無限とも思えるパターンがあることです。同じ会社の中でもプロジェクトごとに手法は異なるということです。先ほど例に示した配筋検査で説明すると、図面と実物の配筋を比較して正しいかどうかを確認するための「記録」や「比較」という点では同じですが、例えばAプロジェクトでは配筋のピッチは1カ所確認すればよいが、Bプロジェクトはすべてのピッチを計測しなければいけないということがあります。そうなると当然ながら現場での記録の仕方も、検査する場所も、工事黒板の内容も少しずつ違ってきます。解釈や仕事の進め方次第で大きく手法が変わってしまう、つまり、プロジェクトマネジメントの手法は無数になるのです。

　これは、建設業のプロジェクトマネジメントの手法が標準化されてこなかったことに原因があります。建設技術の標準化は非常に進んでいて、どのような材料を使うか、配筋なら何を検査するか、といったルールが決められています。いわゆる品質基準のようなもので、建設業はこれらを用いて競争優位性を築いてきました。

　一方のプロジェクトマネジメントとしての記録と比較の業務は、定義しにくく目に見えにくいものでもあり、かつ標準化しなくても特段問題なく工事は進むので、優先度の低い領域でした。そこは建設業のコア業務ではなく、利益の源泉ではないので、経営視点でも長らく興味関心がない部分だったのです。しかし、標準化されていないと、現場代理人によってバラツキが出るため、会社組織として効率は上がりません。建設テックは記録と比較を効率化するものですが、同時にテクノロジーを使うと手法は強制的に統一されるので、標準化のためのものでもあるわけです。

　デジタルゼネコンはプロジェクトマネジメントの標準化の領域を広げます。今まで建設業が関心を示していなかった細かいプロセスにテクノロジーを適用し、新たな標準プロセスとして提供するのです。

　一般的なプロセスの標準化では、「フローチャート」を用いて現状の業務を描いたうえで、どこをどのように効率化するかを明らかにします。これはBPR（Business Process Re-engineering）の一部でもあり、業務本来の目的に向かって既存の組織や制度を抜本的に見直し、プロセスの視点で役割や業務フロー、情報システムをデザインします。建設業でも、生産性向上に向けた課題が顕在化してきた際に実施した企業は多数あったと思いますが、「今の業務プロセスを維持しようとする力」「プロジェクト型組織という在り方」「一品生産だから標準化は無理という因習的思考」といった壁があり、自らBPRを実施するのはなかなか難度が高いです。

　また、プロジェクトマネジメントのプロセス改善は、経営から見るとクリティカルな課題ではなく興味関心が少ない部分であったことに

現場での写真を用いた記録　　事務所での写真整理　　写真台帳（紙）の作成

図表3-8

加えて、建設業のプロジェクトマネジメントをフローチャートで表現するのは実は困難です。先ほどの配筋検査の例で説明します。現場での検査と事務所での作業、そしてインプットとアウトプットが何であるかの定義と考えると、比較的簡単にフローチャートで表現できるように思えますが、黒板に書く内容は状況や図面によって変わります。図面の設計者のスキルや手法、もちろん建物によっても変わってきます。現場で取る必要のある記録も、書類のまとめ方も同様です。そして、大規模な建築物になると、情報が膨大でありそれぞれの関係性をすべて可視化するのはほぼ不可能に近いです。建設業の業務はデータの量と粒度がそろっていないのに加えて関係性が複雑なので、単純作業に見えても標準的なフローに落とし込むのは難しいのです（**図表3-8**）。

　こうした前提でテクノロジーを用いたプロセスの最適化を進めるには、インプットとアウトプットだけをしっかり押さえ、中間プロセスにはある程度のばらつきを許容することが大切です。デジタルゼネコンから見ると、建設会社からインプットデータとなる図面などをもらったら、現場の検査に必要となる工事黒板や検査帳票をアウトプットとして用意し、検査した結果がインプットとして届いたら、アウトプットとして帳票を出力することになります（**図表3-9**）。もちろん、細かくタスクとして区切ればソフトウエアで効率化でき

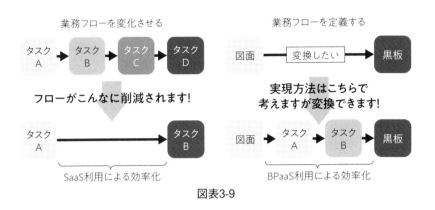

図表3-9

る部分はたくさんありますし、AIなどのテクノロジーを使えば複雑な関係性があったとしても効率化できる可能性はあります。

　しかし、プロジェクト制をとっていて各現場のやり方がそろっていないことに加えて、デジタルが専門ではない現状の建設業にそれを実施するのはなかなか難度が高いと思われます。そこでデジタルゼネコンはそういった建設業に対して、自分たちでテクノロジーに最適化した業務プロセスを定義してパッケージとして提供することが仕事になります。

　これは見方によっては、BPO（Business Process Outsourcing）サービスです。BPOとは企業活動における業務プロセスの一部について、業務の企画・設計から実施までを一括して専門業者に外部委託することを指します。建設会社は過去「持たざる経営」を意識的に長い間続けてきたことから、専門性を持つ様々な企業が生まれてきたことはここまで触れてきた通りです。そのため今の建設業から見たら非常に細かいタスクの集合体になるかとは思いますが、自分たちのプロジェクトマネジメントにおいて、テクノロジー目線で

見たときにプロセス自体をデジタルゼネコンに外部委託すること
で、効果的に生産性を向上させることが可能となります。デジタル
ゼネコンがその役割を担い、元請けの協力会社として共に建物を建
てていく、新しい生産システムが出来上がるのではないでしょうか。

3-4-4 BPaaSという仕組み

　デジタルゼネコンを産業として捉えると、前項で説明した「テク
ノロジーに最適化したプロセス」をどのように提供するかが非常に
重要です。ポイントは「拡張性」です。拡張性がなければ、従来の
BPOを効率化したものと大して変わらないからです。

　デジタルゼネコンは日本中のプロジェクトを横断し、自分たちだか
らこそ効率化できるプロセスを再定義して提供するプレーヤーとなり
ます。したがって、どんなに小さいタスクでも、大量のタスクを受注
することになるため、これまでの人工ビジネスでもあるBPOと同じ仕
組みで提供すると、供給するプロセス量に応じて当然人手が必要にな
るため、デジタルゼネコン側の労働力が足りなくなります。

　かつてはソフトウエアも同じ悩みを抱えていました。日本のIT産業
は大手SIerを中心に、顧客が求めるシステムを一つひとつ受注生産で
開発します。開発したシステムにはアフターフォローが必要なので、運
用保守で比較的単価の高いお金を取ることができて大きな産業となっ
たのですが、労働力人口が減っていく日本で今後持続可能な産業とは
言いがたいところがあります。そこに登場したのがクラウド経由でソフ
トウエアをサービスとして提供するSaaSです。SaaSによって運営コス
トは大きく下がり、提供すればするほど効率化し、クラウドにはスケー

ルする仕組みも備わっているので、SaaSを提供する事業者とサービスを使う側がWin-Winとなり、新しい産業として発展してきたのです。

　市場としてはまだまだSIer市場のほうが大きいものの、サービスを使う側のメリットはSaaSのほうがはるかに大きいため、今後徐々にではありますが、日本でもSIer市場に取って変わっていくと思われます。このソフトウエアからSaaSの変化をBPOでも起こすことができれば、デジタルゼネコンとして全国の建設会社を支援できる体制が整うと考えられます。海外ではこのようなサービスをBPaaS（Business Process as a Service：ビーパース）と呼んでいます。

　BPaaSは2010年代の中盤あたりから米国で少しずつ提唱されてきた考え方です。SaaSのテクノロジーレイヤーを包括しているものであり、クラウド経由でビジネスプロセスまで提供するサービス形態を示しています。ただ最初の頃はSaaSが盛り上がりを見せる中で、クラウド経由で何かしらサービスとして提供するXaaS（Xに様々な単語が入る）のフレームワークで語られたサービスの一つであり、そこまで大きな話題になることはありませんでした。

　SaaSは、アプリケーションの利用によって従来のビジネスプロセスを実行し、効率化しながら成果を創出します。それに対してBPaaSは、ビジネスプロセスも利用できるようにすることで実質的な労働量を増加させ、これまでにない生産性向上を可能にする仕組みです。もう少し詳しく理解するために、テクノロジーレイヤーを説明したいと思います。

　SaaSを利用するには、まずは自分のパソコンからインターネットを

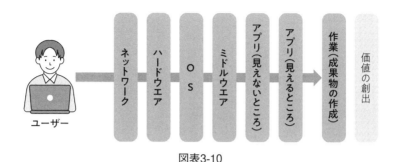

図表3-10

通じて、アプリケーションが動作しているサーバーにアクセスします。アプリケーションを動かすには、ネットワーク、ハードウエア、OS、ミドルウエアなどの様々な技術レイヤーが必要です（**図表3-10**）。アプリケーションまで提供するのがSaaSで、このレイヤーをどこまでサービスとして提供するかによってXaaSのXの部分を変えて呼びます。

　例えば、開発ツールとしてミドルウエアまでをクラウドに載せて提供するサービス形態をPaaS（Platform as a Service）と呼びます。これは開発者向けのサービスで、これを使うとSaaSを開発する基盤が整います。PaaSがない時代にSaaSを開発するには、サーバーなどのハードウエアを買ってきて、その上にOSやミドルウエアなどを設定し、インターネットにつながるようにして、といった面倒な作業が必要でした。PaaSはボタン一つでサーバーが用意され、多くの開発者がそこでアプリケーションを作ってSaaSとして提供できるのです（**図表3-11**）。「Amazon Web Services」や「Microsoft Azure（アジュール）」を聞いたことがあると思いますが、それはPaaSに当たります（厳密に言うとPaaSよりも下のレイヤーだけも提供しています）。

　PaaSのほかには、OSあたりぐらいまでの仮想サーバーを提供する

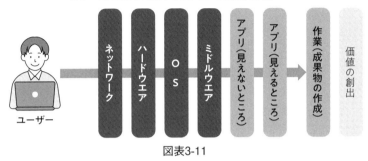

図表3-11

IaaS（Infrastructure as a Service）、アプリケーションのバックエンド（見えないところ）を提供して開発者は画面設計などに集中できるサービスとしてBaaS（Backend as a Service）などがあります。

　ではBPaaSはどこのレイヤーまでをカバーするのでしょうか、SaaSと何が違うのでしょうか。例えば、SaaSの一つであるGmailの場合、メールの送受信をサービスとして提供します。利用者はGmailを使ってメールでコミュニケーションを取り、それが新しい取引につながったり、プロジェクトを効率的に回して利益になったりすることがあります。利用者にとって「新しい取引」や「利益」という価値を生んでいますが、Gmailが直接提供しているのは「メールの送受信」のみです。価値を直接生み出しているのは、人が書いたメールであり、それによるコミュニケーションです。

　この「メールによるコミュニケーション」は人による一連の作業（ビジネスプロセス）であり、BPaaSは従来人が実施していた「一連のビ

ジネスプロセス」を提供するサービスです。もしGmailがBPaaSとしての機能を持ったと仮定すると、利用者が自分の意思を伝えると、バックグラウンドで人がふさわしいメールの文面をつくって送信してくれるイメージです。まさに、BPOをクラウド経由で提供するものです。

　建設業に特化したBPaaSを提供する会社こそが、デジタルゼネコンとして既存の建設会社と共に新しい市場を切り開いていくと考えています。ちなみにこのBPaaSですが、SaaSを提供している会社の中には数は少ないものの既に提供している企業がいくつかあります。その代表格として挙げられるのが名刺管理サービスのSansan社です。一般的な名刺管理ソフトは、名刺を撮影してOCRなどの文字認識テクノロジーで文字を読み取りデータベース化するものがほとんどだった中で、SansanはAIとオペレーター（人）を組み合わせて、半分人力で入力する方法を採りました。OCRは自動で読み込めるものの精度に問題があり、実はユーザー体験が悪いものでした。そこでSansanは文字を入力し直すというビジネスプロセスをクラウド経由で提供することで、ほぼ100%のデータベースを提供し、事業としても大成功を収めたのです。この「文字を正しく入力する」ことを強みにして、現在はBill Oneといった請求書管理サービスも提供し、これもすさまじい成長を遂げています。こういったソフトウエアだけでは解決できない部分を、人が介しても良いので標準化してBPaaSといった仕組みを構築することで、従来のBPOとは異なるスケーラブルなサービスとして提供が可能になります。

3-4-5 20年前に実現していた建設業向けBPaaS

　建設業向けのBPaaSは、建設会社の業務プロセスにおいて、テク

ノロジーを使うことでより効率化できるタスクをSaaSなどのソフトウエアから気軽に使えるといったイメージになるかと思います。通常のBPOサービスですと、建設業向けにパッケージ化されたものではないため、何をしてほしいかといった事前の打ち合わせを入念にする必要があります。もし建設業向けに特化したBPOだったとしても、人工ビジネスには変わりなく柔軟にできてしまうのに加えて、BPOにお願いした業務のノウハウやデータは自社に蓄積しづらくなります。

　デジタルゼネコンとして機能するには、いかにSaaSからBPOサービスを機能として使えるようになるか、そしてその数をどこまで仕組みとして増やせるかが重要です。私が経営している建設テック企業のフォトラクションでもBPOの仕組みをクラウドサービスに組み込んで提供していますが、建設業からのニーズや期待は高いものがあり、どこまでスピード感を持ってBPOサービスでできることを増やしていくのか、AIなどを用いてテクノロジーに最適化したBPO開発を効率良く進めるかといったことが課題です。

　ほかの建設テック企業も少しずつではありますが、ツールの初期設定を代行するBPOなどを始めており、これらもスケーラブルな仕組みになれば、横断してプロジェクトを支援できるBPaaSという提供形態に変わっていくと考えられます。BPaaSはプロセスまで提供するものの、そこで使われたデータはデータベースとして蓄積します。そのため、ツールからプラットフォームへの流れがあり、建設業で生産性向上への期待がある限り、建設テックで増えていく提供形態であり、デジタルゼネコンともいえる存在が複数出てくると考えられます。

　市場の大きさを考慮すれば、BPaaSは1社独占にはならないと思

います。特徴的なデジタルゼネコンが複数誕生し、ゆくゆくはスーパーデジタルゼネコンとも呼べるような大企業になる会社が20年後には生まれているのではないでしょうか。

　ちなみに驚くべきことに、建設業向けのBPaaSを20年も前に実現していた取り組みがあります。それは前章で建設プラットフォームの事例として紹介した鹿児島建築市場です。取り組みを調べれば調べるほどBPaaSの考え方でサービスを提供しているのです。

　鹿児島建築市場は1990年代に、鹿児島県の中小工務店や専門工事業者、建材販売業者、プレカット工場などが加わり、インターネットでサプライチェーンをデジタル化する試みというのは説明した通りです。建設業の目線で見たときにどのようなことが行われていたかというと、工務店はクラウド（当時はイントラネットと表現）を用いて自社の日常業務を管理していました。ここまでは現状でも行われていることなのですが、特筆すべきは各社共同でCAD・積算・管理センターを設けており、この取り組みに参加している工務店は、積算・見積もり、資材調達の折衝と工事管理をアウトソーシングすることで、自社は営業に専念していたことです。

　工務店は、顧客との間で建築したい住宅のプランが固まると、CAD・積算・管理センターに対して図面を送り、積算・見積もりを依頼します。積算というのは数量を数えて、どのぐらいの金額がかかるのかを見積もる行為です。建設業の場合は、図面を基に部材、面積、体積などを拾っていきます。住宅ほどの小規模物件であれば、技能レベルは高くなくても可能で、精緻に実施することより効率良く進められるほうが理にかなっているのです。CAD・積算・管理センターに依頼

すれば翌日には見積もりを提出できる体制が確立していたようで、必要部材も早く発注でき、結果としてメーカーや問屋側の流通の合理化を可能にし、資材を安価に調達することに成功していたようです。

　図面製作についても同様の仕組みを構築しています。前章でも触れましたが設計に使うCADは様々な種類があり、どれを使うかというのは非常に厄介な問題です。異なる種類のCADを使ってもPDFファイルにすることでデータ交換は可能ですが、PDFファイルでは変更できないなど課題も多いです。また、設計者が必ずしも図面をすべて描く必要もなく、CADオペレーターという職業も存在しているぐらい、作図とデザインという仕事はかけ離れているものであり、作図はできるだけ効率良く終わらせたほうが積算と同じで理にかなっています。

　CAD・積算・管理センターは名前の通り積算に加えてCADを使った図面製作の機能も備えていたため、工務店の設計者はそこにお願いすることで効率良く図面を製作できていました。当時は今のようにテクノロジーが発展途上だったこともあり、スマートフォンはもちろんなかったですし、SaaSのようにWebブラウザー上でソフトウエアを動かすことも機能が大きく制限されていました。そういった中でも、鹿児島建築市場はBPaaSを成り立たせていたように見えます。

　CADや積算という仕事が建設業にとってノンコア業務とは言えませんし、むしろ価値を創出するためのバリューチェーンの中で大切な機能だと思います。通常のBPOでこれをやろうとするとCADオペレーション専門の会社か、もしくは積算事務所などにお願いすることになるかと思います。しかしそれだけでは芸がなくノウハウも失われてしまいますし、恐らく費用対効果を出すのが非常に難しいです。

　そこで、共同で中央集権的に実行できるサービスを作ったのは、現代においてITツールを使うところに少し似ているのではないかと思います。テクノロジーが追いついてきた今、鹿児島建築市場の取り組みから学ぶことは非常に多く、CADも積算もテクノロジーを使うことで効率化できるプロセスは多々あると思います。

3-4-6 BPaaSが実現する建設DX

　BPaaSを提供するデジタルゼネコンが建設業に加わることで、建設業は新しいモデルへとシフトすることになります。早稲田大学次世代建設産業モデル研究会が取りまとめた「次世代建設産業戦略2025 活力ある建設ビジネス創成への挑戦」（日刊建設通信新聞社）には、「施設を直接つくらないソフト中心の機能提供型の業態が生まれ、将来的にはそうした企業の中から建設産業の中核となる新たな企業が成長していく」と書かれています。その根拠となっているのは、建設産業は設計や施工といった中核分野よりも、川上・川下分野の利益率が高いという、建設産業のスマイルカーブといった状態があり、時間の経過とともにその傾向が顕著になっていることが理由のようです。全体で見たときの傾向はまだしも、ミクロに見たとき、感覚的には正しいと私は考えています。

　プロジェクトマネジメントの仕事というのは、プロジェクトを円滑に進めること以外の業務を実施するのは合理的に考えれば非効率です。つまり企画や計画、意思決定、関係者とコミュニケーションをするということが求められ、そのための材料をそろえる中間プロセスは、ビジネスの観点から見ると効率が悪いとも言えます。そのため、マクロで見ると川上、川下に人が流れて、新しい企業が成長

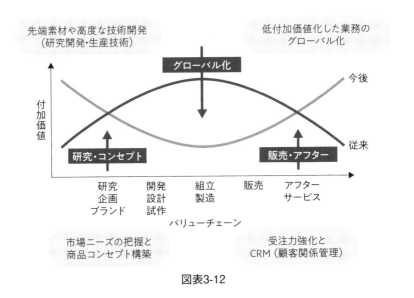

図表3-12

していくのはもちろんですが、私はこの利益率が低い部分こそデジタルゼネコンが担うべきだと考えています（**図表3-12**）。

　そういった意味で、デジタルゼネコンが提供する一つのサービス形態としてBPaaSを取り上げました。読者によっては単なるBPOの提供形態の違いに見えているかもしれませんが、ソフトウエアからSaaSになり新しい価値が生まれたのは紛れもない事実だと思います。そこで、BPaaSはどのような価値を建設業に提供するのかを考えました。大きく分けると、以下に示す4つの価値を提供できると考えています。

BPaaSの価値①　BPOを使う位置付けが変わり生産性が向上する

　BPOとは、自社のノンコア業務（と定義したもの）を外部委託によりコストを移動することで、自社での諸々の運用コストとリスクを抑える手法です。それがBPaaSではクラウド経由で利用できるよう

になることで、これまでのBPOとは全く異なる位置付けになる可能性があります。例えばGmailがBPaaSになって使う人の意図をくんで、文書を自動作成する機能が備わるとしましょう。便利であれば意識することなく利用すると思いますが、そもそもこのような機能ができる前は文書の作成といった細かいタスクを外注しようなんて考えもしなかったと思います。BPaaSによってBPOの位置付けが変わり、提供できる幅が大きく広がっていくと予想できます。それにより建設業も生産性を向上できる幅が広がっていくのです。

BPaaSの価値②　ノウハウとデータが必要な場所に蓄積する

　プロジェクトマネジメントの手法が変われば、それに伴う成果物も変わります。そのため、特定の業務をアウトソーシングしてしまうと当然ながらノウハウは自社から失われてしまいます。それがどんなにささいな業務だとしても、全く別の価値創造につながる可能性はないとは言い切れません。従来型のBPOサービスでも最終的なアウトプットはあるかもしれませんが、仮定のデータや暗黙知などのノウハウは社内に蓄積しません。BPaaSはソフトウエア上でビジネスプロセスが動くため、データは当然データベースとして自社に蓄積します。また、ソフトウエアを使うのは自社の人間であり、業務まるごとではなく作業のアウトソーシングとして使えるため、ノウハウが失われることもありません。

BPaaSの価値③　持続可能な仕組みを低コストで実現できる

　SaaS以前のソフトウエアは、パソコン1台1台にCD-ROMなどを使ってインストールしたり、アップデートのたびに対応したり、場合によってはハードウエアの故障に対応したりする必要がありましたが、SaaSになってからはインターネットにさえつながれば利用できます。

BPOとBPaaSの関係も同じです。BPOの要件定義やマニュアル作成、常駐する人のコストや維持管理のための設備費は思っているよりコストがかかるものですが、BPaaSに変わることで、これらのコストは全くかからなくなり、持続可能な生産性向上を実現することが可能です。

BPaaSの価値④　新たなエコシステムによって産業全体が潤う

最後は、遠心力で対象となる領域が拡大していく点です。デジタルゼネコンという新しいスタイルの建設会社という視点では、これが最も大事な価値提供かもしれません。SaaSは、APIによってほかのSaaSと簡単にデータ連携することが可能です。これは、「提供するサービスの役割が分かれていて密結合していない」「クラウドだからネットさえあればどこでもつながる」という2つの要素によって成り立っています。建設プラットフォームもAPIがあるからこそ実現可能なのです。国外のSaaSは特にAPI連携を重視していて、複数のサービスがつながることで、一つのサービスでは提供できない価値提供をしています。BPaaSにおいても同様の変化が起こると考えており、利用者は様々なビジネスプロセスやデータを意識することなく使えるようになります。SaaSと同様に、BPaaSで既存の建設サービスを提供しているプレーヤーと連携することで、結果的に生産性向上のエコシステムが構築され、産業全体の発展につながると考えています。

BPaaSが生み出すこれらの価値によって、記録と比較から構成される建設業のプロジェクトマネジメントは、より一層、本質的な方向に変わっていくと思います。繰り返しになりますが、今の建設業の仕事がなくなるわけではありません。自分たちが得意でないことはBPaaSを提供するデジタルゼネコンに任せ、建物を造るといった、ものづくりの部分に注力できるようになるのです。

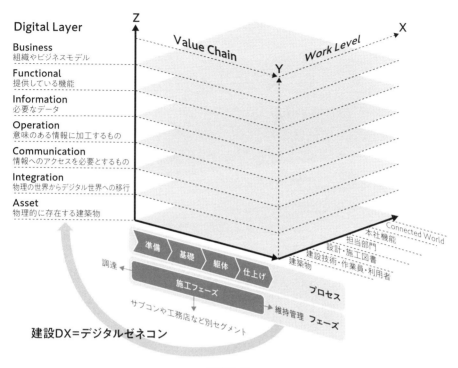

図表3-13

　建設テックのロードマップを示した際、建設DXとは従来の企業ピラミッドであるWork LevelからDigital Layerに移行することだと説明しました（**図表3-13**）。デジタルゼネコンが提供するBPaaSというサービススタイルは、まさにこの動きに合致します。「建てる」ためのテクノロジーは、現場からの情報をいかに記録するか（AssetからCommunicationレイヤー）、取得したデータをどのように比較するか（OperationからFunctionalレイヤーまで）、そして、それを用いてどのように建設としての価値を提供するか（Businessレイヤー）となり、それぞれバリューチェーンにおいて、いつまでにどのレイヤーを強化するかを考えればいいのです。

　BPaaSは、当然1社ですべてのバリューチェーンをカバーできるわけではありません。そのため、デジタルゼネコンの中でも得意領域、不得意領域は出てくるでしょう。建設業が時代のニーズに合わせて建設技術を用いて独自性を出し発展してきた黎明期のように、建設テックでも同じような歴史が今から紡がれていくのです。建設業が大きく躍進した歴史を、建設テックを用いて再現できるというわけです。そう考えると、私たちが今生きている時代は、建設業にとってとても大事な時代であり、同時に働く人々もやりがいがありチャレンジできるとても面白いフェーズにいると思います。

　建設業で働く人たちは「建設テックや建設DXは自分には関係ない」と思うのではなく、デジタルゼネコンを創出し、日本の建設産業を世界に発信する最大のチャンスだと捉え、一丸となって同じ方向に向かって頑張る必要があるのではないでしょうか。

まとめ

(1) 建設技術が十分に発展した日本の建設業をさらに進化させるには、テクノロジーの力を使ってプロジェクトマネジメントの仕組みを標準化すること。それにより、強い競争力を手に入れられる可能性がある。

(2) 建設テックを「建てる」ためのテクノロジーに進化させるには、自分たちがやってきた業務を、テクノロジーを使って「もっとうまくプロジェクトマネジメントできるプレーヤーに任せる」という考えが必要になってくる。

(3) デジタルの視点でプロジェクトマネジメントを見ることは、現物の建物がどのような状態なのかを記録し、その状態と設計図をはじめとした設計データと同じ状態になっているかを比較するといったことを意味する。

(4) デジタルゼネコンは、既存の建設会社が行っているプロジェクトマネジメント業務の中で、テクノロジーを最適化することで効率化できるプロセスを再定義し、それをサービスとして提供すること。建設業はデジタルゼネコンに外部委託することで、効果的に生産性を向上させることが可能となる。

(5) デジタルゼネコンが提供するサービスの形態としてBPaaSがある。これはSaaSのテクノロジーレイヤーを包括しているものであり、クラウド経由でビジネスプロセスまで提供するサービス形態を示している。

(6) BPaaSは従来のBPOサービスとは異なり「BPOを使う位置付けが変わり生産性が向上する」「ノウハウとデータが必要な場所に蓄積する」「持続可能な仕組みを低コストで実現できる」「新たなエコシステムによって産業全体が潤う」といった4つの価値を建設産業にもたらす。

(7) デジタルゼネコン1社で建設のバリューチェーンをすべてカバーできるわけではない。そのため、デジタルゼネコンの中でも得意領域、不得意領域が出てくる中で、建設業が時代のニーズに合わせて建設技術を用いて独自性を出し発展してきた黎明期のように、建設テックでも同じようなことが行われていくと考えると、今は働く人々にとってやりがいがありチャレンジできる面白いフェーズと言える。

3-5 Meta Construction
すべてはデジタルになる

　2021年後半、IT業界に衝撃なニュースが飛び込んできました。SNS最大手のFacebook社が「メタバース」に1兆円規模の投資をし、社名をMeta Platforms社に変更するというのです。メタバースとは、利用者がアバターなどで参加できる仮想空間のことです。Facebookはプライバシー問題などから急速にユーザー離れが進み、新しい活路としての選択だと思います。SNSに頼った収益構造は飽きられてしまうと事業を存続できなくなるので、社会インフラを作りたいという思いがあるのでしょう。いずれにせよ、グローバルでトップを走っている企業が、これほどまでにドラスティックに構造改革をするのはすごいことです。

3-5-1 メタバース建築は誰がつくるのか

　なぜここでメタバースの話をするかというと、私はいずれ建設会社がメタバース内の建物をつくる日がやってくると考えているからです。建設テックのロードマップには、バリューチェーンのフェーズとプロセスによって、デジタルレイヤーが存在しています。建設会社の仕事は、造る建造物や立場（元請けか協力会社かなど）によって異なります。大規模建築物を造るゼネコン、戸建てやリフォームなどの工務店、ゼネコンの下で設備機器の施工を行うサブコン、ダムや橋などのインフラとなる土木工事を行う業者では、それぞれ仕事内容は様々です。またそれぞれが設計や調達、施工といったフェーズでプレーヤーが変わることもあります。建設テックのロードマップでは、この広がりをX軸ではConnected WorldとIndustry 4.0を参

考にしてそのままの名前をつけていますし、Z軸のDigital LayerではY軸のバリューチェーンごとに共通ですが、求められるのが変わってきます。そう考えたときに、この成果物をメタバースの建築にすると、実は最初からDigital Layerとして考えられることに気がつきました。

　現実世界の建物とは異なり、すべてがデジタルで再現されているものの、メタバースがリアルな空間に近づくほど、現実と考えることは似てくるのではないでしょうか。そう考えていくと一つの仮説が生まれます。建物の設計施工を得意とする建設業は、もしかするとメタバース空間の建物をつくるのも得意なのではないかということです。

　現実世界では、建設技術は建物を建てるための技術であり、建設テックは建設の生産性を向上させるテクノロジーです。ではメタバースではどうなるでしょうか。私は、建設テックが現実世界の建設技術のポジションになるのではないかと想像しています。メタバースと現実世界は全く違うため、建物を建てる手法は大きく違うと考えられますが、建物は建物であり、考え方は応用できると思います。もしそうであれば、デジタルで建物をつくる工事会社は、デジタルゼネコンの一つの形となるのではないでしょうか。

　そこでここからは、現実世界の建物のバリューチェーンを順に追いながら、メタバース建築をつくるとなると、どういった要素が求められるのかを考えていきたいと思います。そもそもメタバースにおける建物のニーズは何でしょうか。現実世界の建築であれば、生活するために必要な住戸、働くためのオフィス、生活を支えるためのダムや橋など、建物の名称を挙げればニーズは簡単に連想できま

す。一方でメタバースでは簡単ではありません。例えば私たちが生活する家はどうでしょうか。現実世界だと土地に限りがあるため、マンションやアパートといった集合住宅を造ります。メタバースでは土地に区画はあるものの、そこまでの制限があるわけではないので、戸建てがほとんどになるのではないでしょうか。また、その家にずっといるわけでもないので、もしかしたら住宅自体がそこまで重視されないかもしれません。

　もう一つ例を挙げます。橋は現実の世界において、水源を乗り越えて移動するためのものですが、メタバースでは空間をワープすることができるため、同じ目的の橋は不要で、風景としての橋になります。こう考えていくと、建物の定義が変わっていくと思います。

　メタバースの成熟具合によっても建物へのニーズは変わります。例えば先ほど「メタバースでは家にずっといるわけではないので」と書きましたが、限りなくメタバースが現実世界に近づいたら「メタバースに住む人」も出てくるかもしれません。1999年に公開された映画『マトリックス』を観たことがある方はイメージできるかもしれません。現在はVRゴーグルなどを着けてメタバースの世界に入りますが、マトリックスの世界では脳に直接信号を流し込み、大多数の人は現実世界のことを知らずに生まれてからメタバース空間でずっと生活をしているのです。

　現実がこのような世界に近づき、多くの人がメタバース空間で過ごすようになると、当然ながらメタバース建築の役割も大きく変わってくると思われます。多くの人がそこで過ごすようになれば、当然ながらもっと良い品質の建物をつくりたいと思うようになりますし、企業はマーケティング活動として自社商品を宣伝できる建物が欲しくなります。

　これらのニーズは、メタバースがリアルになるほど現実世界の建築物と変わらなくなると思います。大規模建築で細かい部分までつくり込むとなると、協力会社が必要になってくると考えられます。同様に、メタバース建築を複数請け負う元請けのような存在も登場し、プロジェクトマネジメントも必要になるでしょう。いずれにせよ、メタバース建築は現実の建築との乖離がなくなり、既存の建設会社かどうかは分かりませんが、少なくとも建設会社に近い存在が担うことになるはずです。メタバース建築を総合的に請け負う会社は、BPaaSに続く、デジタルゼネコンの一つの形だと思います。

3-5-2 世界＝メタバースプラットフォーム

　メタバース建築を理解するには、メタバースそのものを理解する必要があります。ライブゲームサービスプラットフォームを提供するBeamable社の共同創設者兼CEOジョン・ラドフ氏は、メタバースを構成するレイヤーについて、次のようにまとめています（**図表3-14**）。

Layer 1：Experience（経験）

　漫画や映画などの中に没入感を伴って体験できるレイヤー。このレイヤーのメタバースは、あらゆる物体や距離が非物質化していることを意味しています。

Layer 2：Discovery（発見）

　仮想空間の中で何が起きているかをリアルタイムに発見するレイヤー。SNSは非同期ですが、メタバースは現実世界と同じくリアルタイム性があり、新しい発見が連続的に起きるのが特徴的です。

Layer 3：Creator Economy

　仮想世界のあらゆるものを作れるクリエイターのためのシステムができてくると考えられ、それを示すレイヤーです。

Layer 4：Spatial Computing（空間コンピューティング）

　物理的世界と理想的世界の間の障壁をなくすためのテクノロジーの進化を示すレイヤー。ジオメトリやアニメーションといった表現の手法もそうですが、音声をはじめとした五感にどのように訴えかけるかといった、よりメタバース空間をリアルに見せるためのテクノロジーです。

Layer 5：Decentralization（分散化）

　メタバースのプラットフォームは1団体ではなく複数あり、同時にWeb3をはじめとする新しい技術による構造的に分散されたシステムを意味するレイヤー。メタバースの理想は、単一の事業体によってコントロールされないことです。

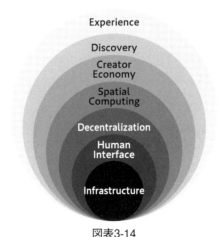

図表3-14

Layer 6：Human Interface

　人々がメタバースの世界に触れるためのレイヤー。Meta社（旧Facebook社）のOculus Riftなど、人々が使う接点のことを表し、実質的に体験をつかさどる重要なレイヤーです。

Layer 7: Infrastructure

　最後のレイヤーは要素技術を示しています。メタバースを構築するためには５Ｇ、６Ｇといった高速な通信帯域が必要になるのに加えてウエアラブル端末に求められる小型化やバッテリー技術などが求められます。

　メタバースはまだまだ発展途上なので、ここで説明したレイヤーも今後改善されると思いますが、このレイヤーに基づくと、デジタルゼネコンに特に関係があるのはLayer5より上（Layer4〜1）のレイヤーです。どのような建物がつくれるかは、メタバースのプラットフォームによって大きく異なってきます。現実世界のルールは１つですが、メタバースはプラットフォームごとにルールがあるのです。今後はメタバースのプラットフォーム間を行き来できるようになると思われるものの、選ばれた力のある数個のプラットフォームに限定されるでしょう。SaaSのAPIと似ているのですが、メタバースのプラットフォームに接続するにはコストがかかるため、それぞれのプラットフォームが切磋琢磨し、残ったメタバースの世界同士が行き来できるようになると予想されます。メタバースの「世界」は現実世界の「国」に似ており、それぞれのメタバースで制約や文化、できることなどが変わってくると思います。

　それぞれのメタバースにおいて、何でもかんでも自由にできるというのは考えにくく、現実世界で資本や物理的な制限があるように、

メタバースでも同様になると考えています。ゲームもそうなのですが、制約があるからこそユーザーごとに差が生まれ、結果的にメタバースで生活することが面白くなるのです。もし何も制約がなければ、そこで過ごすユーザーは諸条件がすべて同じであり、結果的にその世界は他のメタバースと差異化するのが難しくなり、過疎化が進むと思います。現実世界がそうであるように、メタバースも人に集まってもらうには何かしらの工夫が必要となってきます。

そういった点において、メタバースの建物は空間の差異化という点で大事になると予想され、それぞれのメタバース世界で建物を建てる企業、そして支援するプレーヤーが登場すると思います。

3-5-3 Minecraft・Roblox・The Sandboxから見る メタバース建築の現在地

本書で定義するメタバース3つの条件

サービス黎明期の現在、何をメタバースと呼ぶのかは非常に難しい問題です。例えば国内だと、人気のRPG「ファイナルファンタジー14」や、任天堂の大ヒットゲーム「あつまれ どうぶつの森」などもメタバースだという方もいます。本書では、以下の3つを備えている仮想世界をメタバースと定義しました。

(1) 他のユーザーと交流できる
(2) マルチプラットフォームで遊べる
(3) 自分で独自の世界（建築やルール）を構築できる

以下、具体的にメタバースを取り上げて説明しますが、詳しい人

からすると「あのメタバースのプラットフォームが抜けている」などあるかもしれません。本書は「メタバースが何か」を語りたいわけではなく、建設テックの視点で見たときにメタバース建物をどう捉えるかという話なので、ご了承ください。

　「(1) 他のユーザーと交流できる」は、メタバースもしくはメタバースっぽいと言われているプラットフォームなら、ほぼ標準機能として備わっています。「他のユーザーとチャットしたり通話（会話）したりしながら交流することで世界を広げる」というのはメタバースの基本であり、人々がメタバース世界に対して本能的に期待するニーズだと思います。Facebook社がメタバースにかじを切ったのも、もともと世界最大のSNSを提供し、人々が交流する場としてメタバースがふさわしいとたどり着いたのだと思います。

　「(2) マルチプラットフォームで遊べる」は、複数の端末からメタバース世界に入れるという意味であり、先のメタバースレイヤーでは「Layer6：Human Interface」にあたります。ここで言う「複数の端末」とは、PCやスマートフォンといった制御するOS（オペレーティングシステム）が異なるものを意味します。これもメタバースとして世の中にリリースされているプラットフォームなら、ほぼ標準機能として備わっています。単一プラットフォームだとユーザーを制限しますし、マルチプラットフォームにするハードルも下がってきています。メタバースに限らず、最近は単一プラットフォームに限定するほうが珍しくなってきています。

　「(3) 自分で独自の世界（建築やルール）を構築できる」が最も大事なポイントになります。現実世界と同様にメタバースで人々が

生活すると考えると、空間を自由にデザインできる機能がないと、運営側が用意した空間でしか過ごせないことになります。もちろんそれは悪いことではないのですが、生活の自由度は低くなりますし、何よりもメタバース建築の話をするにはその機能がないと成り立ちません。先のメタバースレイヤーでは「Layer 3：Creator Economy」にあたり、アイテムや空間をユーザーが自らつくることでその世界観が広がっていきます。

では、具体的にメタバースを紹介し、それらの世界における建物、そして建設行為がどのような位置付けになっているのかを見ていきたいと思います。

メタバース①　「Minecraft」（マインクラフト）

最初に紹介するのは、世界で最も売れたゲームとして有名なMicrosoft社が提供している「Minecraft」（マインクラフト）です。2011年にリリースされた本作は、水平方向にほぼ無限に広がり、すべてが立方体のブロックで構築された世界です。プレーヤーは、土や石、鉱石などの様々な種類の材料を使っていろいろなアイテムに加工することが可能で、建物はもちろんのこと、電子回路を構築して装置を作ることも可能です。オンラインでそれぞれのプレーヤーがつくった世界を行き来することもできるため、その自由度の高さから数多くのプレーヤーに愛されています。

Minecraftの上でいろいろな建物をつくる「プロマインクラフター」もいて、精度の高い建物をつくっています。Minecraftは建物をつくること自体が目的のゲームとも言えるため、生活する基盤や役割としての建物という要素は少し弱いものがありますが、建物は立方体でつ

くられているからこその面白さがあります。また、建物の材料をそろえるにはいろいろと作業が必要で、大規模な建物であるほど当然つくるのに苦労しますが、自分のつくった建物がそのまま世界になります。プレーヤーがつくる建物以外はたまに小さな村があるぐらいで、人工物はそもそも少ないですし、大きな建物をつくると目立ちます。

　Minecraftにはマーケットプレイスがあり、自分でつくった世界を売ることができます。そのため、まだ数は少ないですが、Minecraftの中で建物をつくって収入を得ている人が現れてきており、今後も人が集まればニーズはどんどん増えていくと思われます。加えて、簡易ですがプログラミングをすることで自分の代わりに建築するロボットをつくることができます。建物の役割は「世界のデザイン」という位置付けであるものの、Minecraft世界の中では大量に建物が必要となるニーズがあり、受託ビジネスを想定すれば、生産性を高めるための効率化ツールの需要も出てくるでしょう。

メタバース②　「Roblox」(ロブロックス)

　次に紹介するのは、様々なゲームを投稿してみんなで遊べるプラットフォーム「Roblox」(ロブロックス) です。ゲームのYouTubeとも言われており、「Roblox Studio」と呼ばれるゲーム制作ツールがあるので、それを用いて簡単にゲームを制作・投稿してオンラインで遊べることができます。Roblox自体はプラットフォームとして、キャラクター、アイテム、物理法則などのルールを共通化して提供しており、簡単なプログラミングができれば込み入ったゲームをつくることも可能です。

　既に遊んでいるユーザー数は1億人を超えており、世界で最もアク

ティブなゲームの一つです。ユーザーの半分以上が16歳以下で、若い層に支持されています。統一されたメタバース空間が一つあるのではなく、大小のゲームがたくさん存在し、それら一つひとつに世界があり、プレーヤーは世界を選んで利用します。2020年時点でその数5000万を超えているというから驚きです。ユーザーは共通して使えるRobloxという仮想通貨を使って、アイテムを強化することなどが可能です。

　この中でつくられる建物はMinecraftとは異なり、ゲームの中のコンテンツとして用意されたものです。そのため、単なる風景のときもあれば、ゲームにおけるギミックとして動くときもあれば、そこで生活したり、デザインをすることが目的になったりと様々です。例えばRobloxの中でレストランを経営するゲームがあります。その場合、様々なデザインの建築から選んで、家具を設置したり壁紙を変えたりし、建物の要素自体がゲームとして取り入れられています。鬼ごっこのようなゲームであれば、入り組んだ建築自体がそのゲームのコンテンツとなっています。

　Roblox Studioを使うことで建築をデザインしたりギミックを持たせたりできるのに加え、建材や家具などそれぞれのパーツ単位を製作者同士で共有することも可能です。Robloxプラットフォームの中で生活する人が増えていくほど、機能性やデザイン性が求められていくように予想しています。

メタバース③　「The Sandbox」（ザ・サンドボックス）

　MinecraftやRobloxはメタバースという言葉が認知されるずっと以前から展開していましたが、「The Sandbox」はブロックチェーンベースのオープンワールドゲームとして2021年から提供されてい

る新しいメタバースです。Minecraftよりも細かい立方体でつくられたメタバースの世界の中で、冒険できたり、買い物できたり、他のユーザーと交流できたりします。ゲーマー主導のプラットフォームであり、プレーヤーは「LAND」と呼ばれる土地を買って自分のものにでき、自らアイテムやゲームをつくってその土地で公開して他の人に遊んでもらうことができます。

　特徴的なのは「SAND」と呼ばれる仮想通貨（ビットコインなどと同様にブロックチェーンでつくられている）をゲーム内で利用できるのに加えて、アイテムなどをNFT（Non-Fungible Token）化して売買することが可能なことです。具体的なテクノロジーは本書では割愛しますが、要するに、実際のお金や物と同じように、この世界から取り出して売買することが可能というイメージです。実際、The Sandbox内の土地であるLANDが5000万円で取引されたと話題になりました。

　なぜ、ただのデジタルデータにこのような金額が付くかというと、購入したLAND内は私有地として自由に使え、もしThe Sandboxに多くのユーザーが集まれば、現実世界の土地と同じようにお店を出せば多く人が集まるし、広告を出せば多くの人の目に触れるからです。また、NFTという特性上、コピーできないデジタルデータ（厳密にはコピーできるのですが）として存在するため、その土地は唯一無二であり、プラットフォームの価値を信じるユーザーが数千万円の価値があると判断したわけです。現実の土地と同じように売ることもできます。そのためThe Sandbox内における建物のニーズはMinecraftやRobloxより現実世界に近づいてきているのです。もちろん、つくった家や建物をNFTで売ることができるため、プラットフォームに人が集まるほど、建物のニーズは多様化していくと考えられます。

3-5-4 メタバース建設市場

メタバース建設市場が生まれる理由

　ここまで、3つのメタバースプラットフォームを紹介しました。建物が必要であることは共通していましたが、建物の位置付けは異なっています。例えばMinecraftでは建物をつくること自体が目的であるため、本当に特別な理由がない限り、他の人に建物をつくってもらおうという考えは起きません。

　一方でThe Sandboxでは、NFTによってデジタルを現実世界のお金に換える動きがあるため、自分の購入した土地に建物を建てて人を集めるとか、安く建物をつくって土地を高く売ろうという考えが出てくると思われます。ただ、The Sandboxはまだ機能が少ないこともあり、それによって建物の用途が制限されてしまっていると考えることができます。事実、多くのユーザーを抱えているMinecraftとRobloxに対して、The Sandboxはユーザーの獲得に苦戦しているという報道があります。

　結局のところメタバースプラットフォームは、そのプラットフォームで提供しているゲームとしての面白さなどがないと人は集まらないのです。既にメタバース内の建設を請け負う会社は出てきているものの、個人でつくれることもあり、市場と呼べるほどではありません。これは現実世界での建設業が誕生する前、つまり、建物を欲しい人が直接雇用でお抱えの棟梁にお願いして建てていた状況と同じだと思います。恐らくそれより前は雨風をしのぐために自分たちで建てていた時代もあったわけで、建設業は人の生活に関連する事業と考えると、人間の行動が技術的な要因によって制限されることで、建物に対するニーズや建てる手法が変化していくわけで

す。例えば、メタバースプラットフォームの機能が増えていく、具体的には映像が現実世界と変わらなくなると、建物を生成するコストは当然ながら高くなります。デジタルなので簡単にコピーできると考える方もいらっしゃると思いますが、そんな単純な話にはならないと予想しています。現実世界でもそうですが、リスクとリターンはセットです。現実世界と同じようなメタバースがつくれたとして、その世界で誰もが超高層ビルを建てることができれば、世界はメチャクチャになってしまうと思います。

　実際、The Sandboxという黎明期以前とも言えるメタバース空間ですら、数千万円の値が付く土地があれば、数万円という土地もあり、価値は様々です。だからこそ、メタバースがリアルに近づくほど、建物を建てるために必要となる人や、それを構成する建材や建て方は現実世界と同じように様々な制約がかかり、コストが上がっていくのではないかと想像しています。

　ブロックチェーンも推し進めていくと（別にブロックチェーンを使わなくてもできるのですが）その世界における一意のモノとして表すテクノロジーと捉えることもでき、メタバース建築におけるAという柱とBという柱のデータは全く同じだとしても、完全に別物として認識できるようになりAという柱が壊れたら同じAという柱は2度と手に入らないということを表現できるようになります。そうした世界はほぼ現実世界と何ら変わりなく、あとはメタバースレイヤーのHuman Interfaceが進化することによって没入感が増し、完全に現実世界と区別できなくなるところまでいくのではないでしょうか。そこに到達する前にメタバースにおける人々の生活の制限が徐々になくなることによって、建物のニーズは高まり、メタバース建設市場が

生まれると考えています。ここで書いたことは推測の域を出ないものの、私は現在の建設業とほぼ同じような道をたどると思います。

メタバース建設市場のプレーヤーが備える機能
メタバース建設市場のプレーヤーが備える機能を想像してみました。

営業・マーケティング
現在の建設業は建物を建てる顧客を探すのに加えて、顧客がどのような建物を求めているのかといった初期ニーズのヒアリングなどを実施します。戸建てのような小規模建築を建てる建設業だと、案件を獲得した人自身が簡易的な設計をすることもあり施主に最も近い存在です。メタバースではどのプラットフォームで構築するかといった、世界の選択や自社がどこまで対応できるのかといったことも出てくるため、それによって営業のスタイルは異なってくると考えられます。

設計・デザイン
これ以降、現実の建設業とは大きく仕事内容が異なってきます。メタバースは現実世界の物理法則と違う法則にすることもできるため、躯体という建物を支えるための構造体の位置付けが変わってきます。また、トイレや物置などの特定用途の空間がどこまで必要なのか、コンセントなどの設備機器の考え方がどのようになるのかなどによってデザインが異なるでしょう。

詳細設計・施工
詳細設計フェーズと施工フェーズは限りなく近づいていくと想像されるので、詳細設計が進めば現実世界と異なりほぼ完成になります。現実世界でも、意匠設計者が書いた図面から「どのように工事

を進めるのか」を示した施工図や製作図を作成します。そこまでくればかなり細かいことが分かります。現実世界の施工作成は、メタバース建築でほぼ作っているのとイコールになると想像できます。

見積もり・積算

　現実世界で建物にかかる費用を計算するには、非常に膨大な作業が必要となります。図面を見て、どのぐらいの材料、人件費がかかるのか、工期なども見ながら算出していきます。メタバース建築の場合は、詳細設計と施工が限りなく同じだと考えると、ほとんど人件費だけになってくると想像できるため、建物の規模に応じて何かしらのパラメーターを用いて最初に見積もり、一気に竣工までいくのではないかと想像できます。

維持管理

　現実の建物は当然ながらメンテナンスコストがかかります。メタバース建築は劣化しないと思いますが、それでもつくったものをメンテナンスなしで放っておくというのは、古今東西いつの時代でも成り立たないと考えています。システムに保守が必要なように、しっかりメンテナンスしないと機能面で遅れたり、場合によってはメタバース上のルール変更に合わなくなってしまったりする可能性があります。また、現実世界の建物より改修工事のコストは低いので、建てて使ってみてダメなところをアジャイル的に直すことも考えられるのではないでしょうか。

　建物の空間を構成する要素として壁紙やタイル、ガラスなど様々あり、NFTによってそれら一つひとつに価値をつけることが可能です。そうなってきたとき、上記で示したプロセスは大きく変わると考えています。詳細設計と施工は同じプロセスであるものの、実

際施工するには建材を購入する必要があり、かかる費用は詳細設計で出して積算見積もりを行い、その後に調達して施工するといった現実の世界と全く同じプロセスをたどることになります。「メタバース建築だからもっと効率良くつくろうよ」とも思いますが、米国で破綻したKaterra社の事例を思い出すと、建物の価値はいつだってそれを使う人が何を求めるかによって決まり、生産性向上自体は訴求ポイントにならないのです。

3-5-5 デジタルゼネコンとしてもう一つの選択肢

メタバース建築はプラットフォーム自体が未成熟なので、市場としてはまだまだこれからだと思いますが、現実世界と異なりすべてがデジタルで完結するので、その世界のスピードは現実世界に比べて圧倒的に速いことが想定されます。

また、プラットフォームの進化に合わせて、メタバース建築に対するニーズも変化します。それに合わせてプロジェクトは複雑化し、建設行為は多くの人が関わることになるでしょう。そうなったとき、現実世界と同じように請負という仕組みが生まれ、メタバース建設業として市場が形成されていくと考えています。当然ながら生産性を向上させるためのテクノロジーも出てきますし、何よりもデジタルで完結するということは、建設テックがそのまま建てるためのテクノロジーとなり、現実世界の建設技術と同様の位置付けになるのです。もちろん現実世界の建物を建てるための知識やノウハウは、そのままではないものの建設テックとしてメタバース建築には応用されると思います。

デジタルゼネコンの仕事は、建設会社のプロジェクトマネジメント

をテクノロジーに最適化して効率化し、業務プロセスを定義してパッケージ提供することです。そのための手段として、ビジネスプロセスをクラウドで提供するBPaaSという考え方を紹介しました。メタバースの建設業は、デジタルゼネコンという新しいスタイルの建設会社として、BPaaSに変わるもう一つの選択肢だと考えています。

まとめ

(1) 現実世界では、建設技術は建物を建てるための技術、建設テックは生産性を向上させるテクノロジーである。メタバースの建設では、建設テックが建設技術（＝建物を建てるための技術）になれる可能性がある。

(2) メタバースは7つのレイヤーに分かれている。それは、「Experience（経験）」「Discovery（発見）」「Creator Economy」「Spatial Computing（空間コンピューティング）」「Decentralization（分散化）」「Human Interface」「Infrastructure」である。

(3) 建設テックの視点で見たとき、メタバースは「他のユーザーと交流できる」「マルチプラットフォームで遊べる」「自分で独自の世界（建築やルール）を構築できる」の3つを備える仮想世界と定義する。

(4) メタバースプラットフォームの機能は、現実世界と比較して制限されている以上、建物に対する位置付けやニーズが異なってくる。そのため、プラットフォームの進化に応じて建物のニーズも多種多様化してくると考えられ、メタバース建設市場が醸成していくと考えられる。

3-6 建設業の望ましい未来

　いよいよ本書も終わりに近づいてきました。建設業の誕生からメタバースまで、幅広く、テクノロジーの視点で建設業を見てきました。最後に、未来と今をつなぐために、私たちは何をすればよいのかを考えたいと思います。

　建設業は人に依存した業界であり、生産性向上はまさに喫緊の課題です。長らく大きな変化を感じられなく、他産業の中でも高齢化は深刻であり、出口の見えないトンネルの中にいるような空気感もあります。そんな産業において、建設テック、そしてデジタルゼネコンは、建設業の希望になると考えています。日本は建設業にかかわらず、デジタル化という視点で世界に大きく後れを取っていますが、建設テックが「生産性を向上させるテクノロジー」なら、これから急速に活用されると考えています。デジタルゼネコンを加えたスマートな産業の実現は日本だからこそ可能だとも考えていますし、それは日本の建設業が世界で存在感を示すチャンスではないかと思うわけです。

3-6-1 デジタルゼネコン時代の経営戦略

　現在は建設テックの勃興期であり、デジタルゼネコンが誕生するまでもう少し時間がかかると思われます。もちろん、建設テックサービスがたくさん生まれ、徐々にではありますが、デジタル化は進み生産性は向上していくと予想されます。一方で、市場のニーズに応じて建設技術が発展したのと同じように、建設会社の戦略や行動によって建設テックは変化すると考えられます。だからこそ、デジタルゼネコン

誕生に向けた建設業の経営戦略を考えることに意味があると思います。

　経営戦略とは、会社がどの方向に向かうべきかを示したものです。私が建設業の経営戦略を語るのはおこがましいという思いはあるものの、「デジタルゼネコン誕生を想定すると、こういった考え方もあるのではないか」という提言に近いものだと思っていただけますと幸いです。2014年に発行された「次世代建設産業戦略2025 活力ある建設ビジネス創成への挑戦」の中で今後建設業が取るべき戦略として、グローバル化やソフトウエア型ビジネスなど新領域への参入といったことが挙げられています。こうした意見が間違っているとは思いませんが、本書で建設業の歴史を振り返り、デジタルの新たな動きを分析することで、あえて違った「戦略立案観点」を提案します。全部で3点あります。

戦略立案観点①「持たざる経営への備え」

　1つ目は「持たざる経営への備え」です。長い歴史の中で建設業の強みとして築いてきた「持たざる経営」を、デジタル時代の変化においても見失わないようにするべきだと思います。もともとは本社組織と現場組織だけだった建設会社は、会社組織として様々な間接部門が生まれてきました。デジタルゼネコン誕生に向けて、PMOのようなプロジェクト横断組織が現場の業務を少しずつ巻き取っていくと予想されます。また、デジタルゼネコン自体がテクノロジーの力で現場組織ないしは本社組織の業務をデジタルで支援することになるため、そこも間接部門を巻き取っていくと予測されます。こういった変化は徐々に、そして目に見えないほど緩やかに進行していくものです。今後は本社組織、現場組織、PMOといったプロジェクト横断型の組織の3つでしばらく建設業は運営されていくと考えられ、それに備えた組織や目標設定の仕方が経営戦略の観

点で必要になってくると考えられます。

戦略立案観点②「ものづくり産業への回帰」

2つ目は「ものづくり産業への回帰」です。現在の建設会社は、大きくて複雑なプロジェクトが多く、そうしたプロジェクトではものづくりに直接関係のない仕事も増えます。そうなると、建物を建てる仕事がしたくて建設会社に入ったのに、資料作成とか人間関係の調整がメインの仕事であり続けると、社員によっては嫌気がさす瞬間もあると思います。人材への投資という視点でも、ものづくり産業として「建物を建てる」実感をもてることが必要で、そのためにも生産性向上は欠かせず、建設テックへの投資を惜しみなく続ける必要があると考えています。そしてデジタルゼネコンの誕生に向けて、徐々に自分たちでやらなくてもよい仕事を削り、ものづくりの本質的な業務に集中できる環境をつくっていくべきだと考えます。

戦略立案観点③「提供価値の差異化」

3つ目は「提供価値の差異化」です。通常の企業経営では最も大事にされていますが、建設業ではあまり語られることはないようです。建設会社は数が多く、かつ、成熟した産業でもあるため、独自の価値を創出しにくい産業です。もちろん、社会貢献という意味では、私たちが見ている景色をつくり、社会インフラを整備しており、それで十分という見方もありますが、競争に勝ち抜くにはそれだけでは難しいです。生産性向上は解決しないといけない課題ではあるものの、Katerra社の事例で分析したように、施主側からすれば価値を感じにくいところです。価格が安く工期が短いのは一定の価値になるものの、それ以外に得意分野を見つける観点が必要になると思います。

生産性向上の取り組みについて

　以上、「持たざる経営への備え」「ものづくり産業への回帰」「提供価値の差異化」の3つをデジタルゼネコン時代に考える価値のある経営戦略として挙げました。「生産性向上がない」と思われた方がいるかもしれません。挙げなかったのは不要だからではなく、企業にとって生産性向上は当然のことで、上記に挙げた3点と同列で語ることではないと思ったからです。そもそも他の産業、特にIT産業において生産性向上は当たり前のように取り組んでおり、スタートアップもそういった傾向はあります。むしろ1人あたりの影響力が非常に大きいスタートアップだからこそ生産性にはこだわりを持っているかもしれません。

　建設業も生産性向上には常に取り組むべきで、建設テックへの投資を緩めず自社の差異化をつくっていくべきだと思います。こういったものは1年や2年で可能になるものではありません。自分なりに中長期のデジタル化の予測をしつつ、自社のリソースや強みと弱みを分析したうえで最良の選択肢を選んでいくのがよいと思われます。私自身も建設業を少しでも盛り上げられるよう頑張っていきたいと思います。

3-6-2 本当に必要な投資は何か

　建設業の歴史を振り返る中でも触れましたが、建設業の研究開発予算は他産業と比較して非常に少ないです。これは歴史的な背景としてそもそも建設技術を採用する側であった建設業は、自らが建設技術を発展させることに長らく力を注いでこなかったことが挙げられます。

　1900年代中盤になって国内の大手ゼネコンが技術研究所を設置しましたが、こうした取り組みはグローバルで見ると非常にまれな

ことです。理由としては、建設会社が技術開発をして画期的な技術を生み出したとしても、自らが広く普及させることはできないからです。例えば、コンクリートの新素材を開発した場合を考えると、コンクリートの打設は協力会社の仕事であり、新素材を作るのはメーカーの仕事になります。関連会社と共同研究をすることが多く、100%の技術を保有できるわけではないので、競争優位や独自の価値としても働きにくいです。そのため、どうしても個別現場を支援するために短期での開発を求められたり、PR要素が強く各社トレンドに合わせて似たような技術開発になったりします。

　昔から建設会社は、建設技術を開発するのではなく採用し、プロジェクトマネジメントの中で利活用してきました。技術開発も同じような状況です。もちろんそれ自体は悪いことではないと思います。外部の力を使いレバレッジをかけることは素晴らしいことです。課題は、建設は非常に広い領域で、研究しようと思えばある意味なんでもできてしまうので、どこに投資すべきかを見いだすことにあります。技術開発に限りませんが、デジタルゼネコン時代では、自分たちの仕事が何であり、どこに投資することで建設業としての価値が向上するのかを、これまで以上に見極めないと費用対効果が悪くなり、競争環境を勝ち抜くことは難しくなるでしょう。逆に言えば、リソースを適切な箇所に最大限投資すれば、それは大きな強みになるということです。

　ではどこに投資するべきでしょうか。一つ考えられるのは、本書でも紹介した建設プラットフォームです。自社のプロジェクトデータを蓄積してどこからでも取り出して活用することのできる、巨大データベースの存在は生産性向上が目的である建設テックにおいて、競争優位を生む可能性を秘めています。「自社のデータベースをいか

に作るか」という話であり、デジタルゼネコン時代においては「生産性をどう向上させるか」という話以上に「会社をどう作るか」に近く、大手に限らず大きく投資する価値のある領域だと考えています。

　もう一つは、産業のスマイルカーブにもあるように、川上・川下などの利益率が高く新しい価値創出が比較的やりやすい領域への進出です。例えばIT産業であれば、営業において「THE MODEL」という分業型のスタイルが出てきているほか、サービスを提供した後のフォローアップに「カスタマーサクセス」という新しい手法が生まれています。自社製品を中心としつつ、川上と川下を手厚くすることで顧客ニーズをくみ取り、社会から見たときの印象を良くし、製品を提供した後にどのようなサービスを展開するかといったことを考え、新しい価値を創出しようと試みています。

　建設会社は工事現場の長から始まった経緯もあり、価値創出の場として現場に非常に重きが置かれています。このマインドを変えて川上・川下に投資していくことが大事ではないでしょうか。投資対象として大きくスポットライトを当てるには、経営者自身の変化はもちろん、組織体の変化も必要だと思います。そう簡単ではないとは思いますが、新しい時代への投資と考えて、ぜひ積極的に取り組んでいきたいところだと思います。

3-6-3 アントレプレナーとバンカーの創出

　適切に投資できたとしても、事業を進めるのは人です。建設会社のキャリアは、長い間大きな変化はありませんでした。「施工管理は一生の職業」と言われたことがあったそうですが、それは施工管理か

ら施工管理に転職することを意味しており、よく言えば手に職、悪く言えば潰しが利かない、そういった職業として見られていました。一方で、デジタル化が進みDX人材が求められていますが、成熟産業でもある建設業ではほぼ人材の職種や役割は決まっているということもあり、そうした人材が建設会社で活躍するのはなかなか難しいですし、そもそもそういった人材を採用することも難度が高いです。

　そういった背景もあり、建設業では既存の人材をイノベーターとして育てることになると思います。誤解を生まないよう書いておくと、私自身は既存の人材こそが建設業の花形で主役だと考えています。建設業という仕事のど真ん中にいるからこそ利益を生み出せるのです。建設業のイノベーターは、いわゆる新規事業や新しい仕組みを作り、これまでにない価値を創出する存在です。もしかしたら建設業の経験をした後に、建設テックをはじめとした周辺領域で価値を創出するかもしれません。

　今後は、注力するポイントが建設技術から建設テックに移行していく中で、新しい価値を創出するイノベーターとなる人材を育成することが非常に重要です。特に建設プラットフォームは複数の組織横断での取り組みになるので、すべてを理解してコントロールし、力強く意思決定する人が必要です。新しい取り組みなので、集合知で正解か不正解かを判断できません。例えば建設プラットフォームを構築するにあたって、どの範囲まで対象にするのか、対応できない例外が出てくる場合はどうするのか、セキュリティーと利便性のバランスはどうするのか、などを上流工程で決めねばなりませんが、それらに絶対の正解を持っている人はいません。下流工程では、工事写真を撮影するときの黒板に何を記載するか、書類はどういった

書式で対応するのか、現場に説明するにはどんな順番で説明するのか、など細かい点でたくさんの決め事が発生します。

　そうしたとき、「建設プラットフォームとして何を目指すのか」といった思想やビジョンに沿って、最終的には誰か1人（＝イノベーター）が意思決定しなければいけないという状況が必ず起きます。イノベーターに情報が集まらなかったり、評価などを恐れて決められなかったりすると、プロジェクトが完遂しないことはないものの、内容は中途半端になってしまい、結局はITツールを導入するだけといった状況になることも少なくありません。

　もちろん、イノベーターだけで実施するのは難しく、イノベーターが語るビジョンをうまく具現化してチームと共有し、現実解を導くためにイノベーターのフォロワーとなって動く人材も必要となってきます。こうした人材を「バンカー」と言います。

　イノベーション理論を提唱したヨーゼフ・シュンペーターは、「イノベーションはゼロからの創造ではなく、複数のものを組み合わせて社会実装していくこと」と指摘しています。また、イノベーション理論の根幹には、外部環境によってもたらされるものではなく、内発的なイノベーションが経済と社会に進化をもたらすとしています。

　建設業の黎明期に起きた現在の大手ゼネコンへと続いた道は、まさに複数の技術や仕組みを組み合わせて築いてきたものがあり、建設業はもともとたくさんのイノベーターを生む土壌が整っていると私は考えています。一方で、繰り返しになってしまいますが、成熟産業でもあり市場規模も大きいため社内環境を変えるのは並大抵の

努力では難しいです。そのため、イノベーター人材をいかにピック
アップする仕組みを作れるか、そしてそこに全面協力して新しい価
値を創造しようと思うバンカーをセットで組織化できるか、こう
いった組織変革の努力が投資と一緒に必要で、やり切ることができ
た会社から、半世紀後のスタンダードとなるエキセントリックカン
パニーが生まれるのではないかと考えています。それは同時に、建
設テックへの投資が進み、デジタル化が進むことによるデジタルゼ
ネコンの誕生を意味しており、建設業のためにも一丸となって取り
組んでいけるとよいのではないでしょうか。

3-6-4 果てなき「生産性向上」の先へ

　建設業の仕事は、私たちの生活をつくる行為そのものです。だから
こそ仕事内容は多岐にわたり、バリューチェーンには多くの人が関わっ
ています。また、建設会社の失敗は時には人の命すら奪ってしまうこ
ともあるので、確実性が非常に重要視されています。他産業と比較し
ても非常に長い歴史を持ち、そこで実施されてきたことすべてに意味
があると考えると、「私たちが何か変えてしまってよいのか」という強
迫観念のようなものにもかられます。しかし、テクノロジーの発展に
よりデジタルゼネコンという新しいスタイルの建設会社が誕生する新時
代と、偉大なイノベーターたちが建設業の礎を築いた旧時代の間にい
るからこそ、私たちは変化を恐れず挑戦していくべきだと思っています。

　かつて建築物のニーズの変化によって請負という仕組みが生ま
れ、建設技術は発展してきました。その時に新しい価値を社会に提
供しようと思ったイノベーターたちが建設業を創ったわけです。そ
してそれから半世紀が過ぎ、戦後大量の住宅をスピーディーに建て

るニーズから工業化が進みハウスメーカーが生まれました。そして
それから半世紀たった今、建設業は致命的な人材不足に陥っていま
す。正確には昔から人材不足は深刻だったのですが、労働力人口が
増えていたのとマクロで急成長していたのでそこまで問題視されて
いなかったと言うほうが正しいかもしれません。

　しかし、現在は労働力人口が大きく減っており、産業の発展のた
めには生産性向上が喫緊の課題なわけです。日本は昔から、このよ
うな内部とも言えず外部とも言えないプレッシャーを力に変えられ
る珍しい国民性を持っていると思います。今のスーパーゼネコンは
すべて、開国によって欧米からのプレッシャーを受けて時代の変化
を捉えた企業です。そう考えると、今はピンチでもありチャンスと
も言えます。建築物の価値は常に活用する人々のニーズで決まりま
すし、日々の生活に欠かせないものであります。だからこそ、建設
業に携わる人、ないしはこれから携わる人にとって、生産性向上、
およびデジタル化は人ごとではありません。

　生産性向上とデジタル化を全員が意識し、前向きなマインドを持
つことで、日本の建設業は世界に向けて大きな存在感を示すことが
できるのではないでしょうか。ITツールを導入しても完全週休二
日すら実施できない現状を見ると、「デジタル化したところで何も
変わらないではないか」と思うかもしれません。ここまで本書を読
んでいただいた方であれば分かると思いますが、少しずつではある
ものの着実に新時代の種となるようなものはたくさん登場していま
す。この種を何とかして芽吹かせ、デジタルゼネコンを加えた建設
産業のDXというビジョンこそが、現代において私たちが実現しな
ければいけない建設業の望ましい未来ではないでしょうか。

エピローグ
建設の世界を限りなくスマートにする

　「建設テックの本を書きませんか」と最初にお話をいただいた時、「本になるほど書くことあるかな。10ページぐらいしか…」と不安を感じながら始めたのですが、数百年かけて積み上げられた建設業の歴史を、失礼ながらどうやら甘く見ていたようで、執筆中は書いても書いても書き足りないといった状況が続きました。私の仕事はそれなりに文章を書くことが多いので本の執筆もなんとかなると思っていましたが、実際に執筆してみると本当につらくて、何度も心が折れかけました。今では書店に並ぶ本を見ると、「苦しみながら書いた人たちがこんなにたくさんいるのか」と思ってしまうほどです。

　実力のない私が言うのは非常にはばかられるものの、本書が目指したのは、著名な建築研究者である故・古川修氏が書いた『日本の建設業』(1963年、岩波書店) の続編であり、現代版と言えるものです。『日本の建設業』は建設が事業として大きく発展している高度経済成長期に書かれており、「建設業とはいったい何者なのか」を軽快な口調で語った名著です。初版が発行されたのは1963年ですが、今読んでも建設業の本質は変わっていないことが分かり、非常に学びが多く何度も読み返しています。本書でも多くの箇所で引用させていただきました。残念ながら著者の古川氏は既に亡くなってしまい、お会いすることはできないのですが、蔵書は東日本建設業保証が設置する建設産業図書館にコレクションとして収蔵されており、訪れると生前の思いを少しばかり感じることができます (偶然ですが、建設産業図書館は、今このエピローグを書いている当社オフィスの目の前にある建物に入っています)。

古川氏は自身の著書の中で次のように語っています。

> 私たちの祖先は、その定着以来、住居や建物を造り、水路や墓をきづいてきた。これらは建設といわれる行為で、日本列島にはここに住み、生きた多数の人々によってきざみつけられた二千年以上の建設の歴史がある。建設の仕事は時代とともに量が増え、内容も豊富になる。建設業は、こうした建設事業を母胎とするが、建設事業の発展がそのまま建設業の歴史になるわけではない。（『日本の建設業』から引用）

私は、これほど建設業を的確に表した文章をほかに知りません。生活産業でもある建設業は、建築物に対する時代やニーズの変化に応じて進化してきました。そして、古川氏が書き記した時代からさらに半世紀が過ぎ、テクノロジーが建設業においても活用が進んできた結果、テクノロジーに関わる仕事も増え影響力が大きくなり、新しい視点での整理や考察が必要になってきたと考えたわけです。

本書では、建設業の誕生を請負と定義し、建設×テクノロジーである建設テックの勃興と、デジタルゼネコンといった新しい建設業の仕組みが生まれる時代の潮流を書きました。加えて、建設業で働く人、働きたいと思っている人が新しいコトを考えるきっかけになればという思いで、建設テックとの関わり方を中心に、組織や働く人たちに役立ちそうな話もちりばめています。建設会社はいつの時代も人材不足で、品質問題、談合、３Ｋなど暗いイメージがあります。働いている人たちも、あまり明るい未来を描けずに、半ば諦めたかのように内側に閉じこもり、黙々と自分たちの仕事に取り組む人が多いです。

私は大手ゼネコンを辞めて建設テックの会社を立ち上げ、そこで初めて他業界の方々と利害関係なく触れ合うことになりした。そこで気付いたのは、テック企業で働く人々はほかの業界のことでも貪欲に学び、すべてを成長につなげようとする視座の高さ、そしてオー

プンかつフラットに、誰でも話して内側（自社や自分の業界）ではなく常に外側（お客様や外部の関係者）を意識して仕事をする人が多いことです。なによりも、目標を掲げて達成したかどうかを振り返り、ダメだったことに目を向けて改善しようとする真摯な姿勢には戸惑いを隠せませんでした。本編でも触れましたが、建設業は失敗してはいけない文化が根付いています。時に人の命に関わる建設業は、失敗してはいけないし、失敗を認めてはいけない、そんな空気感が漂っています。建設業の文化はテック企業のそれと異なり、そうした2つの対極にある文化を両方身近に感じられたからこそ、建設テック企業という双方のいいとこ取りをした新しい文化を築くことができるのではないかと考えています。

　そして、建設DXによって生まれるデジタルゼネコン（Digital General Construction）という未来には、既存の建設会社にとってはもちろん、産業全体にとって大きな希望となり、日本の建設業がグローバルでもう一度、存在感を示すチャンスではないかと私は考えています。請負から始まる日本の建設業は、開国というイベントによって変化を続けながら進化してきました。ある意味、建設業が自ら望んだわけではなく、生き残るために変化が必要だったわけです。それがたとえ外圧によるものだとしても、チャンスに変えたことで高度経済成長期にはグローバルで大きな存在感を示す産業へと発展しました。しかし度重なる海外工事の失敗も相まって、日本の建設投資額は世界3位であるにもかかわらず今ではその輝きは消えつつあるのです。

　しかし、これはチャンスでもあります。長らく内側だけを向いてローカルで進めてきた結果、深刻な労働者不足となり、テクノロジーによる仕事の最適化は大きく遅れることとなりました。こうして建設業に生産性向上といった見えない外圧がかかり始めたのは、ここ10年の話で

はないでしょうか。かつては開国という外圧により発展し続けた日本の建設技術でしたが、今度は生産性向上といった見えない外圧により、建設テックはどの国よりも発展するチャンスがあるのではないでしょうか。とはいえ、現実はなかなかうまくいかないもので、2022年の現在、建設テックは米国が規模も量も他国を圧倒的に凌駕しています。戦略ファーストであり資本もある中で、外圧などなくとも自分たちで進化する力強さを感じます。しかし、かつての建設業の発展を見る限り、日本はテクノロジーにおいても絶対に同じぐらいの成長を、もしくはそれ以上を目指せるポテンシャルがあると考えています。

　当たり前ですが、デジタルゼネコンを生み出し、未来をつくるのは私たち自身です。この来るべき未来に希望を持ち、勇気を持ってチャレンジするのか、それとも外資という黒船が乗り込んできて、気が付いたらすべてのルールを変えられて生きていくのか、選択するのは私たち自身なのです。私は日本がNo. 1だった時の建設業の輝きを、自分たちの時代でもう一度取り戻したいと思っています。「日本から生まれた建設テックが世界中で使われ、日本の建設業は当たり前のようにグローバルで活躍する」。今の時代に生まれたのであれば、そんな世界を見てみたくはないでしょうか。

　この本を手にとってくださった方は、様々な立場で建設に携わっていると思います。建設業で働いている方、これから働く方、興味がある方、建設テック企業でサービスを作る方、業界に関わるすべての人が、自分たちの仕事に集中すればきっと素晴らしい未来が創造できるでしょう。そんな思いを込めて私は自分自身の、そして会社のミッションとして「建設の世界を限りなくスマートにする」を掲げています。

　建設業はまだまだ面白い！　ぜひ皆さんと一緒に建設産業を盛り上げていきましょう。

株式会社フォトラクション　中島 貴春

著者プロフィール

中島 貴春

1988年生まれ。2013年に芝浦工業大学大学院建設工学修士課程を、BIMに関連する研究論文で修了。2013年に株式会社竹中工務店に入社。大規模建築の現場監督として建設現場で働いた後に、社内で活用するITツールの企画・開発およびBIM推進を行う。2016年3月にCONCORE'S株式会社（現：株式会社フォトラクション）を設立。国内外において15万を超える建設プロジェクトで導入されている、建設業向けのクラウドサービスの開発を主導する。2022年には建設×テクノロジーを発展させる仕組みを構築するべく、一般社団法人建設テック協会を設立。一貫して建設テックの推進を通じて建設産業の発展に貢献する。

Digital General Construction

建設業の"望ましい"未来

2022年12月12日　第1版第1刷発行	著　　　者	中島 貴春
	発 行 者	戸川 尚樹
	発　　　行	株式会社日経BP
	発　　　売	株式会社日経BPマーケティング
		〒105-8308
		東京都港区虎ノ門4-3-12
	装　　　丁	bookwall
	制　　　作	マップス
	編　　　集	松山 貴之
	印刷・製本	図書印刷

ISBN978-4-296-20080-1

本書の無断複写・複製（コピー等）は著作権法上の例外を除き、禁じられています。購入者以外の第三者による電子データ化及び電子書籍化は、私的使用を含め一切認められておりません。
本書籍に関するお問い合わせ、ご連絡は下記にて承ります。
https://nkbp.jp/booksQA